几何缺陷压力钢管稳定性数值分析

孟闻远　唐志强　郭颍奎　许冠超　著

中国水利水电出版社
www.waterpub.com.cn
·北京·

内 容 提 要

本书对无单元法发展状况及压力管道外压稳定性分析理论与方法进行了系统分析与研究，建立了具有初始几何缺陷的、几何非线性加肋薄壳外压稳定性分析计算的新模型，同时，还创造性地将混凝土与钢管间的缝隙转化成薄壳的初始几何缺陷，使过去对此类缺陷的研究更加科学化。本书综合利用理论研究、计算机模拟、实验分析三种手段，提出了水工压力管道外压失稳分析的新理论、新方法；编制了相应软件，为压力管道外压失稳分析及设计开辟了新道路。

本书适用于水电站工程相关从业人员参考使用。

图书在版编目（CIP）数据

几何缺陷压力钢管稳定性数值分析 / 孟闻远等著. -- 北京：中国水利水电出版社，2022.7
ISBN 978-7-5226-0864-8

Ⅰ. ①几… Ⅱ. ①孟… Ⅲ. ①压力钢管－稳定性－数值分析 Ⅳ. ①U173.1

中国版本图书馆CIP数据核字(2022)第128074号

书　名	**几何缺陷压力钢管稳定性数值分析** JIHE QUEXIAN YALI GANGGUAN WENDINGXING SHUZHI FENXI
作　者	孟闻远　唐志强　郭颖奎　许冠超　著
出版发行	中国水利水电出版社 （北京市海淀区玉渊潭南路1号D座　100038） 网址：www.waterpub.com.cn E-mail：sales@mwr.gov.cn 电话：（010）68545888（营销中心）
经　售	北京科水图书销售有限公司 电话：（010）68545874、63202643 全国各地新华书店和相关出版物销售网点
排　版	中国水利水电出版社微机排版中心
印　刷	清淞永业（天津）印刷有限公司
规　格	184mm×260mm　16开本　7.75印张　189千字
版　次	2022年7月第1版　2022年7月第1次印刷
印　数	001—700册
定　价	**49.00元**

凡购买我社图书，如有缺页、倒页、脱页的，本社营销中心负责调换
版权所有·侵权必究

前言

  2020年9月，国家主席习近平在第七十五届联合国大会一般性辩论上作出了"碳达峰、碳中和"的郑重承诺。同时，当前及未来国家经济与社会发展对能源消耗的重大需求，使得水力发电的生产与建设仍然任重道远。水是清洁无污染、可持续利用的资源，水力发电是人们获取清洁能源的重要方式，且水电站工程还常常兼有防洪、灌溉等综合功能，因此，水力发电备受青睐。为了满足更多的电能需求，水电站的装机容量越来越大，甚至为了设计调峰补差不得不修建高水头、大容量的抽水蓄能电站，这就使得水电站的一个主要组成部分——输水压力管道的规模越来越大，目前有的管径已达12m之多。同时，由于钢材冶炼技术及焊接技术水平的提高，压力管道的强度指标越来越高，管壁也相对变薄，压力钢管成为典型的大型薄壁结构，所以压力钢管稳定性问题成了管道设计的关键因素。

  几十年来，国内外水电站压力钢管时有重大失稳破坏发生，其重要原因之一就是几十年一直在沿用基于简化模型的解析或半经验性公式，如Mises公式、Amstutz公式、Jacoben公式等。这些公式是在物理、数学模型高度简化的基础上推导出来的，或是实验资料的总结和工程经验的总结，缺乏准确性与可靠性。再者，地下压力管道承受多变复杂荷载可能性较大，所以一旦遇到不利外压，就可能会有失稳事故发生。失稳不仅会造成直接的经济损失，而且会有更大的间接损失，因此，压力钢管外压稳定性问题是亟待研究的重要工程问题。本书不仅具有重要的理论意义，而且具有重大的应用价值。

  过去对压力钢管外压稳定问题研究较少，作者认为，主要有几个方面原因：①工程设计人员习惯于传统的解析或半经验性方法，这些公式比较简单，计算与校核时方便省力；②稳定性问题作为固体力学的一个分支，理论概念相对深奥，失稳机理不易弄清楚，尤其是水工压力管道这种地下结构，究竟是大变形还是小变形，缺陷因素对稳定荷载影响多大、如何考虑，荷载达到临界状态之前后材料处于什么状态等，形成了比较复杂的问题；③对薄壳结构缺乏有效的计算分析方法，这几个主要原因一定程度导致了水工压力管道外压稳定性分析理论发展的滞后；④实验研究成果少，缺乏实证性考证。

有限元法是 20 世纪最成熟的数值计算方法之一，它的产生影响了科学技术的许多领域，至今仍旧是数值计算领域应用最广的方法。但有限元法在处理高梯度场问题时很难适应。对于壳体结构而言，由于壳体空间几何形状表示的复杂性及受力变形的复杂性，按壳体一般理论，需要较多的参数进行描述，应变位移关系复杂。因此在构造上既满足连续性要求，又满足刚体位移和常应变要求的壳单元一般比较复杂。为此，许多研究者借用"平板型壳元"或"三维弹性体退化壳元"，但这些单元常会出现奇异及"闭锁"现象，都不尽如人意。后来，许多研究者又提出各种修正单元，但终因太复杂而使壳体的有限元求解比较困难。当然，柱壳的位移应变关系及几何描述简单些，但仍无法从根本上解决问题，一方面壳体受力及变形复杂，另一方面有限元法的固有属性是需要用"单元"进行描述。壳体自身的受力及变形属性是不可更改的，有限元法作为一个工具，从属性上决定它难以方便地解决壳体问题，必须探索新方法。针对水工压力钢管稳定性问题，20 世纪 90 年代中期曾有半解析有限元的方法，虽然有所进步，但离散仍不可避免，况且一个方向解析化描述也只是在简化的意义上令人安慰。同时，模型上也需斟酌，比如对缺陷的考虑及加劲肋的考虑。总之，在有限元的技术框架内，计算肋壳组合结构稳定性问题仍有一定的难度。

而目前刚刚兴起不久，正步入兴盛阶段的无单元法可以克服以上困难。无单元法不需单元，仅需节点离散区域，所以不用考虑协调性，而且可以构造高阶的场函数，这对壳体的计算来说是令人欣喜的。研究表明：无单元法既具有有限元法局部逼近的属性，又有有限元法所不具备的许多优点。在很多力学问题上，如断裂裂纹扩展问题、侵彻问题、高速冲击问题及轧制成型等高梯度场问题，有限元法遇到困难，而无单元法却表现了较大的优越性。研究还表明无单元法对厚、薄结构可以统一在自己的适用范围之内，可以构造避免薄膜及剪切"闭锁"的场函数，将厚板、薄板、梁等结构在统一描述上完成，由厚到薄可自动退化，而无"闭锁"。这一点对处理加肋钢管上的肋非常有效，因为从工程实践到实验分析都证明，将加肋作为厚曲梁处理与实际的工程变形状态更吻合。

用无单元法解具有缺陷的加肋压力钢管外压失稳问题是一个崭新的思路。但也会面临着无单元法本身遇到的困难及压力钢管外压稳定性问题蕴含的物理及数学描述上的困难，所以本书还借助了实验手段，这也是本书研究的重点之一。

在技术路线上采用了"三管齐下"（理论研究、计算机数值模拟和实验研究）的方式进行研究，并在国家自然科学基金（50079005）的资助下，开创性地做了以下工作：

（1）综合分析了目前压力钢管稳定性分析理论与方法，指出了现有理论与方法的不足；经过工程调研和实验研究，创建了带缺陷加肋压力钢管几何非线性稳定性分析的数学物理模型。

（2）创建了无单元方法新技术。如计算简捷且具有插值性的形函数构造技术、非凸区影响域计算技术、不规则边界在高斯积分网格内的高精度积分技术等。

（3）借助微分几何、矢量分析等近代数学工具，开拓性地导出了具有初始几何缺陷薄壳的几何非线性应变方程及厚曲梁考虑剪切因素的几何方程，这些方程可以方便地退化到简单状况。

（4）研究并提出了一种管壳外压稳定性分析的加载技术及配套技术。验证了本书提出的计算模型、计算理论与计算方法的正确性。研究了管壳几何因素、缺陷因素对失稳临界荷载的影响。

总之，本书从理论研究、计算机模拟和实验分析的角度出发，为压力管道稳定性分析与设计开辟了一条更加科学有效的新道路。同时，本书理论、方法及实验成果具有通用性，可以供有其他工程问题乃至其他领域类似问题的研究所借鉴。

本书的工作是在有限的时间内，抓住主要矛盾，完成核心内容的研究，重点对新理论、新方法及主要工程问题展开研究。所以，还有其他值得研究但没有研究的问题，也是作者想研究但无暇顾及的问题，如无单元方法本身的 H、P 格式及 H－P 格式自适应分析问题；基于数学分析的误差估计问题；压力钢管外围受力环境问题，如围岩、混凝土及其他随机外压荷载的确定，等等。作者决意今后继续研究之，以使压力钢管外压稳定性问题的仿真研究更加完善，也使无单元方法研究结出更多、更优秀的硕果。

囿于作者学识，浅陋之处难免，望大方之家雅正。

作者

2021 年 10 月

目录 CONTENTS

前言

第1章 绪论 ·········· 1
1.1 问题的提出 ·········· 1
1.2 压力管道研究历史与现状 ·········· 2
1.3 一般薄壳稳定性理论及其计算方法 ·········· 6
1.4 无单元法的产生与最新进展 ·········· 9
1.5 无单元法的评述 ·········· 14
1.6 本书研究的主要内容、技术路线及创新点 ·········· 16

第2章 压力管道稳定性理论的继承与发展 ·········· 19
2.1 水电站压力管道分类 ·········· 19
2.2 目前压力管道外压稳定性分析方法 ·········· 20
2.3 目前加劲压力管道稳定性计算模型与计算方法存在的缺陷 ·········· 26
2.4 本书物理模型、数学模型和计算方法的特点及创新 ·········· 27

第3章 无单元 Galerkin 技术的更新及实施技术 ·········· 29
3.1 无单元的产生及其基本形式的分类 ·········· 29
3.2 各种无单元方法的基本原理、特点及其评价 ·········· 31
3.3 各种无网格方法的成果归纳及展望 ·········· 36
3.4 无单元伽辽金法及其关键技术 ·········· 37
3.5 MLS 方法的继承及新形函数构建方法 ·········· 43
3.6 非凸边界处影响域的界定 ·········· 47
3.7 背景网格积分与误差的处理 ·········· 48
3.8 权函数 ·········· 49
3.9 考题验证 ·········· 53

第4章 带缺陷加肋柱壳组合体基本方程 ·········· 55
4.1 带缺陷环向加肋柱壳组合体的分析模型 ·········· 55
4.2 加肋柱壳应变状态分析 ·········· 55
4.3 肋壳物理方程 ·········· 69
4.4 柱壳应变状态分析 ·········· 69

4.5 新位移模式的建立 …………………………………………………………… 70
4.6 离散方程的实现 ………………………………………………………………… 70

第5章 压力管道稳定问题控制方程的建立与求解 …………………………… 72
5.1 Galerkin变分原理及其应用 …………………………………………………… 72
5.2 剪切与薄膜"闭锁"及传统有限元方法的局限性 ………………………… 73
5.3 控制方程的实现 ………………………………………………………………… 74
5.4 非线性特征值问题的解法 …………………………………………………… 75
5.5 计算程序 ………………………………………………………………………… 77

第6章 地下埋管抗外压稳定性实验 ……………………………………………… 84
6.1 国内外压力管道外压实验研究概况 ………………………………………… 84
6.2 实验内容 ………………………………………………………………………… 85
6.3 实验方法与步骤 ………………………………………………………………… 88
6.4 实验实景及观测记录 …………………………………………………………… 89
6.5 防止外压失稳的工程措施 ……………………………………………………… 100

第7章 总结与展望 …………………………………………………………………… 101
7.1 总结 ……………………………………………………………………………… 101
7.2 展望 ……………………………………………………………………………… 103

参考文献 ……………………………………………………………………………………… 105

第1章 绪 论

1.1 问题的提出

人类进入 21 世纪,能源问题仍旧是世界各国面临的主要问题,作为人类获取能源的主要形式之一——水力发电,由于水资源清洁、高效、环保、可持续利用等优点倍受世界各国青睐。近一个世纪以来,科学技术日新月异,有力地推动了世界各国水电事业的迅猛发展。大批大型、超常规及抽水蓄能水电工程的兴建、新型钢材料的利用,使得作为水电工程结构的重要组成部分——输水压力管道——的规模日趋巨型化、超巨型化[压力管道的规模常用水头 $H(m)$ 与管道直径 $D(m)$ 的乘积 HD 值来衡量,$HD>500m^2$ 为大型,$HD>1200m^2$ 为巨型,$HD>3000m^2$ 为超巨型];管道的刚度相对越来越柔,厚度相对越来越薄,成为典型的薄壳结构(图1.1)。

这种结构在施工及运行过程中,一般强度设计要求比较容易满足,但对大型薄壳结构的稳定性问题一直是难以消除的症结。正常情况下,压力管道承受内水压力,但在施工或非常工作状态下会承受很大的外部压力,如灌浆压力、突然停水时的负压力、邻近输水系统漏水时传递过来的渗透水压力等。这些外部压力都容易使压力管道这种薄壳结构失稳破坏。在国外,如美国最大的抽水蓄能电站——Bath County 水电站,1985 年投入运行,其中一条隧道发生渗漏,渗透压力压曲了邻近的一条管道;加拿大的

图 1.1 在建的某水电站压力管道施工现场

Kemano、巴西的 Nilo-Pecanha 等水电站压力管道也都发生过严重的失稳屈曲破坏。在国内,浙江省衢州市湖南镇水电站压力管道发生了灌浆失稳破坏;湖北省十堰市黄龙滩水电站引水钢管发生了失稳破坏;云南省红河州绿水河水电站灌浆时 1 号斜井钢管发生的失稳破坏,屈曲波及范围达 181m,第二次充水试验后 3 号隧洞发生钢衬失稳破坏长达 101m;广东泉水水电站钢管发生大面积失稳,屈曲范围长达 204m,最大鼓包高达 45cm,在整个破坏段中出现 3 个断口,等等。这些管道一旦失稳屈曲破坏不仅额外增加了修建费

用，而且使水电站停止运行，在经济上造成更大损失。因此，压力管道抗外压稳定问题引起了人们的普遍关注。开展压力管道外压稳定性研究，建立科学有效的分析设计理论势在必行。

国内外水电工作者在压力管道设计分析理论方面做出了很大成就，取得了一系列成果，但这些理论已不能满足日益发展的压力管道工程建设的需要，主要表现在：

（1）加肋压力管道在地下受力状态下失稳分析的数学、物理模型及破坏机理不太准确；现有的分析理论在简单的二维模型下给出简化的计算公式，不能完全描述真实的力学特性。

（2）目前的计算理论与方法不太适宜，应寻求新的科学、有效的计算方法。

（3）缺乏实验研究，应加强实证研究以验证假设的计算理论、模型及计算方法的可靠性。

本书通过模型试验研究、理论分析研究及计算模拟研究等方面开展工作，弄清地下压力管道在外压作用下的失稳破坏机理；在正确的物理模型下给出严谨的数学模型，建立科学的分析理论与方法；借助现代数字模拟措施，建立可靠、有效的计算与设计手段，满足水电站建设的需要。

1.2 压力管道研究历史与现状

1.2.1 国内外压力管道一般问题研究概况

水电站压力管道的研究可分为理论研究与应用研究两部分。理论研究主要集中在实验研究、分析理论研究、计算方法研究等。而应用研究主要体现在材料与结构形式研究、材料加工与施工工艺研究、运行管理及原型观测研究等方面。理论研究为应用研究打下了基础，应用研究又为理论研究提出新的研究目标。近一个世纪以来，两方面研究互相影响，又互相促进。本课题重点进行理论研究、计算方法研究及实验研究。

压力管道理论研究经历了由简单到复杂，由粗糙到严谨的发展过程。20世纪30年代之前，由于计算工具及计算理论的限制使结构分析主要停留在线弹性范围内的解析方法，结构模型采用简化的理想模型，有关设计尺寸的选择只通过结构力学方法、弹性力学方法，或者借助于简单的解析公式来满足强度及稳定性设计要求，所以早期压力管道设计理论分析比较粗糙，既不经济也不安全，时常发生破坏事故。20世纪60年代之前，在加拿大、苏格兰、巴西、美国等国家先后发生失稳破坏的事故。

60年代中期，有限元法的出现、电子计算机的发展应用，使人们通过现代计算理论与手段模拟复杂受力与变形状态成为可能，这为压力管道的设计与研究开辟了新的道路。在这个时期以后的几十年间，世界上许多国家在压力管道的强度分析、优化设计、动力分析甚至弹塑性分析方面开展了富有成效的研究。

80年代以来，我国在压力管道设计的理论与实践方面也做了很多工作，但大多是强度方面的研究：如钟秉章和马善定首先提出了埋藏式钢管弹塑性分析设计理论与方法；随后马善定又对坝内埋管设计中存在的问题提出了改进意见，并与伍鹤皋通过模型试验研究了混凝土塑性对坝内埋管承载能力的影响；董哲仁、路振刚先后提出了钢衬钢筋混凝土压力管道的结构优化设计理论和方法；伍鹤皋对坝内埋管的极限状态设计方法进行了探讨；伍鹤皋、丁旭柳、王金龙等对水电站埋藏式压力钢管设计准则进行了阐述，主要介绍了瑞士地下埋藏式钢管设计方面的一些设计准则和方法，并与我国现行方法进行了比较。20世纪90年代末伍鹤皋、陈观福还对埋藏式压力钢管进行了外压稳定性分析；陈观福也对带加劲环式埋藏式压力钢管的外压屈曲问题进行了分析；诸葛睿鑑做了关于压力钢管设计规范的探讨。罗化明等对大七孔水电站埋藏式压力钢管进行了应力与稳定性分析；特别值得一提的是刘东常提出半解析法及赖华金、范华仁教授提出解析性质的新方法是我国压力管道稳定性研究的富有成效的新成果；还有其他学者也在相关方面作了一些实用性的工作，等等。

在国外，Mccaig I. W. 等在1962年就研究了钢管受环向压力作用下的屈曲抗力；Jacoben S. 在1968年研究了带剪切连接器的压力隧洞钢管的屈曲问题；1970年Amstutz E. 对压力通道及其钢管进行了屈曲分析；Jacoben S. 在1977年又对钢衬的岩洞和通道内的压力分布进行了研究，1983年他又对水工隧道内的钢衬进行了进一步研究；1992年，F. M. Svoisky等对埋藏式钢管进行了外压荷载下的稳定性分析；1995年Sedamk. S, Sedmak. A 用3个实验对压力管道材料与结构的疲劳断裂问题进行了分析；1998年Rowse. A. A 对压力管道在运行中如何保护进行了研究；2001年波兰学者Adam Kowski研究了Lapino水电站压力管道的破坏情况，主要从水击因素、材料因素探讨了破坏的原因，等等。

国外的研究成果，较早地奠定了压力管道外压稳定性分析的解析化格局，而且至今还一定程度地影响着国内外的压力管道稳定性设计理念。

总之，20世纪30年代以来，国内外科技工作者，首先是在压力管道的强度计算方面做了大量工作。进而是材料研究、结构形式研究、施工工艺及施工技术研究、焊接研究、运行管理研究等，而对压力管道稳定性研究却比较少，以致目前的设计理论仍停留在20世纪六七十年代的成果上。出现这种状况，一方面是由于上述这些问题是首先应当解决的问题，正如材料问题、强度问题；有的是生产建设与运行过程中经常面临的问题，正如工艺问题、管理问题等，处理也相对容易。而稳定问题作为力学分析中的一个重要分支具有独特的特点，理论相对晦涩，科学的研究工作需要更复杂的方法及理论。

1.2.2 国内外压力管道稳定问题的研究状况

国内外有关压力管道稳定问题的研究比较少，这恐怕也是压力管道在国内外时常出现失稳破坏的主要原因之一。其实强度问题一般较易满足，而稳定性问题常常在非强度极限状态下失稳，引起失稳的因素也难以控制，如渗漏出现、缺陷因素等。这就让我们更加需要针对这个问题给予充分的研究，建立一套科学的设计方法，有效地防止失稳破坏的发生。

压力钢管外压稳定性理论经历了由简单到复杂的过程，从米赛斯（Mises）用解析的手段研究管壳稳定性问题，到今天借助电算化手段研究稳定性问题，出现了一些比较有代表性的成果。

1.2.2.1 埋藏式光面管的临界外压计算

光面管临界外压的计算公式较多，常用的有伏汉公式、包罗特公式、阿姆斯图兹

（Amstutz）公式、孟泰尔公式，其中伏汉公式、包罗特公式、阿姆斯图兹公式属于"理论"公式，而孟泰尔公式为半经验公式。伏汉公式、包罗特公式是在管壁对称屈曲假定的前提下导出的，由于假定的屈曲波数较多，故只称临界荷载 P_{cr} 较高。阿姆斯图兹公式是在非对称屈曲假定下导出的，因屈曲波数较少，故 P_{cr} 较低，当管壁内径 r_1 与管壳厚 t 比值小于 300 时还不足伏汉、包罗特公式计算值的 30%。

《水电站压力钢管设计规范》（NB/T 35056—2015）还采用经验公式。这个公式是根据 38 个模型试验资料回归分析建立的。资料来自不同的国家，是不同的试验者在不同的时间得出的，但有很好的相关性（相关系数 0.977）。这就为建立一个较可靠的经验公式提供了好的基础。我国现行规范还认为在诸影响因素中 r_1/t 值对 P_{cr} 影响最大，而缝隙的因素在 $(3\times10^{-4}\sim5\times10^{-4})r_1$ 范围内时，P_{cr} 变化不太显著。经验公式只含 r_1/t 和屈服应力 σ_s 2 个参变量，因缝隙 Δ 的任意性大，所以未含 Δ。总的来讲，经验公式在一定程度上反映了工程中某些因素的影响。

《水电站压力钢管设计规范》（NB/T 35056—2015）推荐的另一个公式是 Amstutz 公式，因 Amstutz 公式假定的屈曲波数比较符合实际，与伏汉公式、包罗特公式比，阿氏公式比较接近模型试验值，故我国规范采用阿姆斯图兹公式作为主要计算公式，但需将 1969 年公式（阿姆斯图兹在 1950 年、1953 年、1969 年推出 3 个公式，以 1969 年公式最完备）的屈曲应力 σ_s 进行更新（这主要是想用纯弯曲全断面屈服应力图代替边缘应力刚达到屈服的三角形应力图之故）。但规范也指出，因 Amstutz 公式假定弹模 E 为常数，即当环向应力 σ_N 小于 $0.8\sigma_s$ 时结果才正确，传统的 Amstutz 法仅考虑缝隙 Δ 的大小，没考虑缝隙 Δ 波及范围（本书提出的解法则完善了这一点）。Amstutz 公式对高强钢的适用性也有待论证。日本规范中明确规定了 Amstutz 公式的适用范围是 $r_1/t>35$。

《美国钢结构设计手册》中推荐雅各布森（Jacoben）公式，但 Jacoben 公式需求 3 个联立的线性方程组才可求得结果。Jacoben 的结果比 Amstutz 公式小 20%，不过在应用时无限制条件。

1.2.2.2 埋藏式加肋管临界外压的计算

加肋式管道稳定性计算分为环间管壁和加劲环两部分的计算。对管壁我国现行规范认为：加劲环式钢管失稳时屈曲波数较多，波幅较高，管壁与混凝土间有缝隙，混凝土对管壁约束不大，故可采用 Mises 公式计算。日本、美国等也都推荐采用 Mises 公式。但 Mises 公式对缝隙 Δ 的忽视，使其安全可靠性降低。

《水电站压力钢管设计规范》（NB/T 35056—2015）富有开拓性，根据近几年的研究成果推荐了两种方法供参考。一是 20 世纪 90 年代刘东常教授提出的半解析有限元解法，管轴向采用离散的柱壳元或圆形板单元，沿轴向采用解析手段描述形函数，推导了半解析法，此法比 Mises 公式考虑的更为客观，模型考虑了加肋的作用，开辟了电算化处理压力管道稳定问题的新路子。二是赖华金-范崇仁的 P_{cr} 计算公式，此公式除了应用弹性理论的基本假定外还作了如下假定：①在外压作用下，管壁凹陷形成了 3 个半波；②刚性环在管轴向不允许转动，即靠环的管壁沿轴向不转动；③沿纵向的位移为零，即 $u=0$；④刚性环为绝对刚性，即刚性环无径向位移。此公式的结果与他们所作的实验结果比较一致，且偏于安全，但在实际工程中未能推广。

关于加劲环的稳定性分析，因失稳时应力已接近强度极限，《水电站压力钢管设计规范》（NB/T 35056—2015）认为 Amstutz 公式已不可用。规范借鉴美国的经验推荐用 Jacoben 公式，用以对加劲环的稳定性设计，但本公式的问题是：公式中的截面积 F 用加肋和两肋间的管壁面积之和来计算，且假定径向压力产生的应力 σ_N 在加肋和管壁整个断面上均匀分布，但事实并非如此。至于坝内埋管的抗外压稳定性分析，《水电站压力钢管设计规范》（NB/T 35056—2015）建议采用经验公式。

1.2.2.3 现行压力管道稳定性分析的方法分类及其评价

现行水电站压力管道稳定性分析方法，在国内外水电站建设中作出了巨大贡献，并且继续发挥着作用，但也不可避免地存在着缺陷，这里分类评述之。

1. 经验公式

以《水电站压力钢管设计规范》（NB/T 35056—2015）现在应用的 38 项国内外资料回归分析的经验公式为代表，这些公式是在一定模型试验的基础上建立起来，所以一定程度上有其适用的范围。但是这些公式毕竟是由试验而来，由于地下工程影响因素的复杂性，如围岩因素、灌浆因素、温度、水压、施工工艺等，有限的试验资料很难一劳永逸，况且随着工程建设规模越来越大，经验公式很难从根本上解决压力管道的外压稳定性问题。

2. 解析公式

伏汉公式、包罗特公式、Amstutz 公式都为解析公式，都可用于光面管。但伏汉公式、包罗特公式适用性不太好，应用较少。传统的 Amstutz 法考虑了缝隙 Δ 的影响，但它把弹模看作常数，在高应力状态时会失效，日本、美国也都认为阿氏公式要在一定条件下才适用。对于有加劲环的埋藏式压力钢管，管壁都采用 Mises 公式，而加劲环用 Jacoben 公式。Mises 公式由于假定加劲环对管壁约束是"简支"，不考虑加劲环的影响，对缝隙 Δ 的因素也予以忽视，模型描述失去了可靠性。现在应用仍较多，对此，管道失稳事故时常发生，也不足为奇。

3. 有限元方法类

有限元方法使用以来，使计算领域取得了很大成效，但在压力管道稳定方面成果甚少。刘东常教授提出的半解析法是一个开创性的工作，但有限元法本身对壳结构计算存在自身固有的困难，如几何描述困难、位移模式从厚壳向薄壳退化时（厚壳退化成薄壳易产生剪切闭锁现象）的困难、求解比较困难，都严重制约了有限元法在加劲压力钢管稳定性问题上的应用。

到目前，国内外关于压力钢管抗外压稳定性分析一般仍然停留在 Mises、Amstutz、Jacoben 等的解析或经验公式的基础上。

对加肋压力管道失稳临界荷载 P_{cr} 的计算，人为地将管壁与加劲环分成两部分来分析的模型不太准确，那是手工计算时代的结果。对管壁，国内外都建议采用 Mises 公式。将加肋对管壳的作用看成简支，基本没有考虑加肋的影响，这对失稳的地方离加肋较远处尚可，否则，已失去意义。事实上失稳在何处与外来压力出现在何处有关，与混凝土和管壁间出现的缺陷缝隙位置有关。在靠近加肋处附近，管壳失稳也同样发生，这时的加肋因素不得不考虑。另，Mises 公式也未考虑缺陷因素的影响。

规范推荐的"半解析法"算法及"赖-范法"，是压力管道失稳分析的进步，但半解析法在模型的设计上把加肋看成一个板来处理,并且认为加肋板有沿管道轴线方向的位移。事实上,由于加肋周围的加锚及混凝土的约束,使加肋在管道轴线方向的刚度非常大,无法发生位移,所以应看成厚的曲梁,只在肋轴线所在的平面内变形;而"赖-范法"把加肋看成绝对刚性也不妥当,事实上加劲环(肋)并没有那么刚硬,在其轴线的平面内还有变形,对管壁有一定的影响,既不能看成简支,也不能看成固支。

另外,"半解析法"算法和"赖-范法"有一个共同的问题是:二者都没有考虑混凝土和管道之间的裂隙形成的"缺陷"。其实,管道的失稳往往由于裂隙"缺陷"而形成,灌浆或渗流压力往往在裂隙"缺陷"处开始作用管壁,造成外压失稳。

Amstutz 公式在计算光面管时,考虑了这种缺陷,但传统的 Amstutz 法仅考虑缝隙 Δ 的大小,没考虑缝隙 Δ 波及范围。加肋管道的失稳模型,应考虑缺陷的影响,无论是管壁本身的缺陷,或是混凝土与管壁间的裂隙缺陷均应考虑。

压力管道外压稳定性相对于压力管道其他方面的问题,比如强度分析、材料研究等方面的研究相对滞后,这主要是因为作为壳体结构,相对于杆及板类结构受力更加复杂,几何描述及位移状态描述更加困难,稳定性理论及失稳破坏机理更不易观察。在求解特征解时,不易收敛,计算方法上有一定困难等原因。形成了埋藏式压力钢管的研究成果较少,一直处于几十年以前的发展状态。另一方面客观原因是现行方法计算比较简便,解析公式和经验公式都比较容易。尽管公式的适用性受到诸多局限,但由于省时省力,在一定程度上适用了设计工作者习惯取向,但随着越来越多、越来越庞大的水电工程的兴建,必须更加客观地认识这些已有方法的局限性,科学地研究这一工程中非常重要而且非常紧迫的问题。

1.3 一般薄壳稳定性理论及其计算方法

1.3.1 稳定性理论

薄壳结构稳定性问题是工程力学中的一个重要课题,它广泛存在于建筑、机械、航空航天、船舶制造、大型压力容器、水利水电工程、石油化工等重要的工业领域,如建筑上的钢格构柱、飞机外壳、飞行器外壳、潜艇外壳、水电与火电厂压力管道、海底输油管道、U 型渡槽等等。可以说,细长及薄壳结构在压力作用下绝大部分存在着稳定性问题。这些结构一旦失稳破坏就会发生重大工程事故,产生巨大经济损失甚至人员伤亡。我们知道失稳临界荷载往往比强度极限荷载小得多,所以稳定性问题比一般的力学问题更具危险性、突发性。所以研究稳定性问题,理论及工程价值重大。一般地讲,失稳问题分为如下两类:

(1) 分支点失稳。以稳定性的概念出发结构平衡状态有 3 种:稳定性平衡、不稳定性平衡及中性平衡。若结构处于某个平衡状态受轻微干扰而偏离原平衡位置,干扰消失后结构恢复到原来的平衡位置则称这个平衡状态为稳定平衡状态;若干扰消失后继续偏离原平衡位置,则称不稳定平衡状态,这时原稳定平衡状态丧失其稳定性,称为失稳。结构由稳定平衡到不稳定平衡状态的过渡状态叫中性平衡状态。这时由稳定平衡到不稳定平衡的过渡点叫分支点。这种失稳一般指荷载状态及结构构造都是理想的完善状态。如杆的轴压失稳，当轴向压力作用线沿理想直杆的轴线时就属于这种状态，但这种状态往往难以做到。

(2) 极值点失稳。极值点失稳没有明显的分支点，但有极值点，即当受一个最大荷载时，结构发生较大的变形，致使结构屈曲。这种状态往往难以防备，瞬间发生严重破坏。分支点与极值点都称为临界点，相应的荷载称为临界荷载 P_{cr}。一般的工程结构难免存在加工、意外碰撞等这样那样的缺陷，荷载也大都是非理想状态，是不完善结构，所以工程中极值点失稳较多。本书研究的地下压力钢管即属于此类状态。

在结构设计中强度要求是基本的，但稳定性要求更为重要，这是因为稳定性破坏往往有突发性，随着材料科学的飞速发展，高强度材料应用于工程设计越来越多，为节省材料减轻重量使得结构制造得相对越来越细长、越来越薄的可能性更大，所以也更容易失稳，因此结构稳定性问题对工程设计尤其是对大型细长和薄壁结构显得越来越重要。

1.3.2 稳定性理论进展状况

稳定性理论的发展大致形成了4个方面的理论，即：早期的线性理论，之后的非线性大变形稳定性理论、非线性前屈曲一致理论——斯坦因理论（Stein theory），初始后屈曲理论——柯依托理论（Koiter theory）。

1774年著名数学家欧拉（L. Euler）提出了压杆稳定性公式，到1805年彭加瑞（A. Poicare）首次明确提出稳定性（Stability）概念之前，线弹性稳定性理论没有很好的应用，主要是由于受当时材料强度的限制，长压杆在失稳之前就超过弹性极限，那么线弹性理论已经失效。但这并不影响线弹性稳定性理论的杰出成就，钢及其他高强度材料强度的提高使线弹性稳定理论得以发挥。当然，越来越柔、越来越韧的工程结构，使几何非线性稳定理论逐步成为研究的热点与难点。所以，这也是本书重点研究的问题之一。

非线性理论包括两种因素，即物理非线性和几何非线性。若结构在失稳前发生塑性变形，则在失稳时几何与物理因素互相影响，使结构的屈曲过程十分复杂。对于薄板和薄壳的小应变失稳问题来讲，非线性因素主要是通过大变形（大位移）所引起的，就是几何非线性失稳理论。它对那些大变形大位移的柔韧杆、板及壳意义重大。20世纪上半期，人们用小挠度理论推导圆筒薄壳结构的临界应力，但实验值远远低于小挠度理论计算值，只有理论计算值的1/5～1/2。这一差别引起人们的重视。之后唐纳尔（Donnel）、卡门、钱学森等学者用大挠度理论分析圆筒薄壳承受轴向力作用下的屈曲问题。但理论值与实验值相差仍旧很大，这一经典问题后来已经明确：主要在于超临界后屈曲状态存在一种对应于最低荷载的平衡位移，这种后屈曲位移在这低于临界的情况下存在，其结果就是使轴压圆柱形薄壳和均匀外压薄球壳对任何微小扰动和初始几何缺陷都显得非常敏感，20世纪40年代荷兰学者柯依托（Koiter）提出了著名的初始后屈曲理论。

60年代中期，随着薄壳稳定性实验技术的发展，用电沉积和电解铜等方法可以制造出"接近完善"的薄壳模型。这种模型能很大程度上排除初始缺陷对稳定性试验结果的干扰，之后得出的实验结果高于1961年前的许多试验结果，阿木罗斯（Almroth）的实验甚至达到线性理论的0.82。为解释这种试验现象，60年代中期斯坦因提出了前屈曲一致理论。他认为圆柱壳的线性理论把壳体失稳前的平衡状态假定为无矩状态不合理，和边界条件不协调，应把屈曲前的平衡状态当作非线性有矩状态，使其和边界条件一致。这一理论比线性理论低百分之十几，与当代试验值十分接近。

非线性大变形理论和斯坦因前屈曲一致理论所考虑的都是针对完善结构,是没有初始缺陷的理想结构,柯依托的初始后屈曲理论能够考虑初始缺陷的因素对屈曲荷载的影响,并提出了初始缺陷敏感度的概念。这一概念意义非凡,因为实际结构难免存在初始几何缺陷因素,水电站大型压力钢管就是如此,椭圆度或外裹混凝土的脱离裂隙,都一定程度上形成了初始缺陷因素。

因此,这一点也是本书重点研究的问题之一。本书在理论研究、实验研究里都着重研究了这一点,因为这是压力管道失稳的主要潜在诱因之一。

20世纪80年代沈惠中等提出了薄壳屈曲的边界层理论,他们认为非线性前屈曲仅在支承边界附近很窄的一个薄层内起作用,挠度变化很剧烈,这薄层叫边界层,而边界层之外非线性前屈曲可以忽略。这一理论顾及了前屈曲非线性效应、后屈曲跳跃和初始缺陷,并将Karman-Donnel大挠度方程化成边界层型方程,以挠度为摄动参数,采用奇异摄动法研究了圆板壳在各种存在下的前屈曲和后屈曲行为,这一理论成果具有重要意义。

同时不可忽视塑性屈曲,屈曲破坏使大多数壳体都发生塑性变形,其原因在于壳体经常有一个非常小的后屈曲负荷能力。只是在水工压力管道稳定性问题上,发生弹性失稳进而发生屈曲破坏的情况更大程度上在工程中出现,不允许寄希望弹性失稳后管道会继续恢复到正常的安全状态。非线性弹性失稳理所当然成了这些重大工程的大型薄壁结构的稳定性控制关口,工程事故调查及实验观测都证明了这一点。

鉴于此,本书将研究压力管道稳定性问题定位于"非线性弹性失稳"问题,这既回避了物理非线性的繁重干扰,又将安全储备强化,对于重大的水利工程来说,很有必要。

当然,随着工程科学、材料科学、力学及计算科学的不断进步,稳定性理论和非线性理论越来越不可分,只有通过对结构的几何非线性、物理非线性甚至按接触非线性的进一步研究才能更科学地揭示复杂的失稳屈曲现象。

囿于本书研究的具体问题,本书重点在理论、计算与试验方面,对具有初始几何缺陷的压力管道进行几何非线性问题的研究。这对常常存在初始缺陷因素(如加工缺陷的成型偏差、焊接缺陷,碰撞鼓包与凹陷,混凝土与管壁的施工缝隙、干缩缝隙等)的大型薄壳结构——水工压力管道——具有重要的理论与实际意义。

1.3.3 一般薄壳稳定性问题的计算方法

薄壳结构的稳定性计算方法同薄板的稳定性问题计算方法相仿,主要有解析法、加权残值法、变分法(如迦辽金法)、数值方法(有限元法或半解析有限元法、有限差分法等)。解析法有平衡理论方法及能量法,平衡方法的摄动法可以解几何非线性问题,但只能对简单结构可行。迦辽金法也属于加权残值法的范畴。有限差分法及上述方法一般在板问题应用较多。有限元法及半解析有限元法可以解决一些结构较复杂的壳体。但由于有限元法自身的特点,使得壳体在几何描述、位移模式的建立、厚和薄壳位移描述的统一性方面,出现未知量多、收敛性差等诸多难题,尤其是位移模式的建立对厚、薄壳的统一描述方面存在着较大问题。因为厚壳退化成薄壳时往往存在着剪切与薄膜"闭锁",使计算失真。所有这一切使得有限元法在壳体稳定性问题上形成了难以克服的困难。半解析有限元法是一个非常诱人的方法,它在某一方向的解析化使得有限元法的未知量大大降低。但解析性描述准确,精度可能会很高,解析性描述不准确却可能存在较大的误差。这对失稳变形状态明了的结构是比较理想的,对于地下埋藏式压力钢管结构难以推断其失稳形态,尤其对于缺陷结构更加难以描述。所以半解析法在比较理想的状态下可以很好地应用,但对实际工程的描述有待深入研究。

所以本书将计算方法的研究作为又一个重点问题来研究,这一问题也是本书研究工作的重心。

1.4 无单元法的产生与最新进展

众所周知,有限元法在解决高梯度场问题、加工成型、高速冲击问题、动态断裂问题、无限域问题、奇异问题等失去了它在人们心中的"无坚不摧"的表象,这些问题是有限元法自身固有的、难以避开的。然而人们总不愿意在数值计算领域取得如此骄人成绩的同时困顿于上述问题之中,这是工程实践的迫切要求,也是科技发展的内在动力,所以对新型数值方法人们一直在探索之中。

其实有限元法在上述问题上失去效应的根本原因在于有限元的"单元"化及位移描述的失真,因为无论是裂缝扩展、高速冲击、轧制成型或是其他高梯度场问题,都存在着介质体内的有限元网格严重畸变,单元失去了原有位移模式的正确描述,断开的网格不得不重新剖分。有人寄希望于自适应单元自动生成技术,但就目前来讲,对复杂结构的处理上运算时间太长,况且也仅在平面问题上有所建树,对三维问题上仍"力不从心"。再者,即使能自动剖分,许多问题的位移模式也需要高阶完备性描述,这对有限元方法无疑是很大的困难。

总而言之,即便有限元法发展到如此成熟的今天,从理论基础到误差估计都相当完善,但客观存在着它无能为力的计算领域(但需说明的是这并未失去有限元法在20世纪取得的巨大成就),由此作为数值计算方法的重要补充与扩展,一类新型的数值计算方法——无单元法(或无网格法)——便应运而生。

1.4.1 无单元法的发展状况

无单元法的产生到现在不过四五十年的历史,但出乎预料地出现一片繁荣的景象,并在短短的几年内迅速从单一的应用领域迅速扩展到其他场类的分析(如渗流场、电磁场等)。正如有限元当年迅猛发展的势头,也就在近10年左右的时间无单元法就产生了十几种代表形式。如光滑质点流体动力学法(Smoothed particle hydrodynamics,SPH)、多象限法(Multiquadrics method,MQM)、弥散单元法(Diffuse element method,DEM)、小波伽辽金法(Wavelet-galekin method,EFGM)、无单元伽辽金法(Element free galerkin method,EFGM)、再生积分核质点法(Reproducing kernel particle method,RKPM)、移动最小二乘积分核方法(Moving least square reproducing kernel particle method,MLSRKM)、HP云团法(HP-clouds method,HPCM)、HP无网格云团方法(HP meshless clouds method,HPMCM)、单位分解法(Partition of unity method,PUM)、无单元流形方法(Manifold method,MM)以及自然单元法(Natural element method,NEM)等。这些方法称谓不一,但它们有个共同的特点就是摆脱单元的束缚产生场函数。

其实,无单元法命名尚欠准确,比较权威的无单元法研究学者 Wing Kam Liu、

T. Belytschko、J. Toden 在它们关于无单元法描述的文章里也对其命名无所适从，认为命名问题尚待解决。为叙述方便权称为"Meshless method"，之后，在国内外学者的文章里称作无网格法（Gridless method）或称无单元法（Element - free method）比较流行；尤其无单元法似乎更多一些，本书可能将二者串用以为叙述之便。但应有统一的学术组织或权威人士将其统一，便于研究及文献查询。

无单元法产生于国外，1977 年之后的 20 年左右的时间里已是硕果累累，最早的可追溯到 1977 年由 L. B. Lucy 提出的光滑质点流体动力学方法（简称 SPH 法，以后其他方法也如此简称）。在当时只有 L. B. Lucy、J. J. Monghan 及其合作者的文章见之于出版刊物，在这些文章里他们为了将 SPH 打下一个理性化的基础，将其光滑函数（或权函数）称作一个"核估计"，这个名字是指某些场量函数经过"积分核"（一般化作离散形式）的作用后产生出一个估计结果，相当于一个有加工功能的"作用器"，达到将场量变光滑的效果。SPH 是一个 Lagrange 描述的方法，当时主要应用天体物理，诸如星体碰撞等问题，后引入固体力学分析，如断裂、高速冲击等。SPH 解决了一些当时无法解决的问题，但发现有"张拉区不稳定"现象，J. J. Monghan 等曾用"人工黏滞性"（Artifical viscosity）来消除张拉不稳定。Swegle 等用一维问题揭示了不稳定的根源取决于某个区域应力与核函数二阶导数之积的符号，同时指出，取不同的核函数，也可能会出现不稳定的现象。Dyka C. T. 等人用应力点法消除了这种不稳定，但这些成果在一维中有效，在多维问题里仍很困难。其他学者在断裂、冲击等领域也取得了一系列成果，同时在天体物理界仍是有效的方法。更重要的是它的"核估计"思想，对后面再生积分核类无单元法（如 RKPM、MLSRKPM 等）的产生与发展，起到非常重要的启迪作用。

无单元的发展历程中，一个里程碑式成果不得不作以叙述，那就是移动最小二乘技术（MLS）。1981 年 P. Lancaster 等提出 MLS 曲面拟合，当时，它只不过和其他拟合技术（如 Lagrange 插值）一样用于数值拟合。但移动最小二乘技术由局部到整体的"移动性"（Moving）、局部紧支集上的高阶完备性显示了其突出的优点，所以受到无单元法研究者的青睐，后来作为无单元场函数构造的一个法宝，以弥补现在数值方法（如 FEM 等）的不足，并产生了多种无单元法（如 MLGM、MLSRKPM 等）；它的另一个特点是利用奇异权函数时的"插值性"。一般无单元法场函数难以有插值的功能，而奇异性的权函数却克服了这一点。这对本质边界条件的处理非常重要。虽然 MLS 法的这些优点很多，但它对每一点隐式求解形函数系数，需要大量求逆运算，计算量成为 MLS 方法应用的一个障碍，也成了无单元法群体前进的一个瓶颈，不过它的 0 阶形式即 Shepard 插值却是可以不用求逆运算，而且具有"插值性"（Interplanting）的有效武器，本书继承了这一点。应当承认，MLS 的产生可以说使无单元法走上了宽广的道路，打破了 15 年之久的无单元法停留在 SPH 阶段的僵局，告别了 SPH 方法"一花独放"的时代。

1992 年，Nayroles 等率先利用 MLS 技术提出弥散单元法（Diffuse element method，DEM）应用于一般的阶梯函数和二维 Laplace 边值问题，Nayroles 的这一成果是无单元法在场函数构造上大大改进精度的开端，遗憾的是 MLS 技术的"隐式求解"工作量大，影响了它特长的极致发挥，所以不得不舍去场函数导数的某些项，形成精度上的缺憾。1994 年 T. Belytschko 等用实例指出了这一问题的缺憾，并对场函数的导数项作了修正，得出了较好的结果，也正是在这篇文献里 Belytschko 等将无单元法的进程推向了无单元伽辽金法时代，这使无单元法的高精度场函数需要较深厚的数学基础。这是一个不无重大意义的启迪，因为我们在数字方法领域，何不曾想将优秀的场函数（无论 MLS、再生核技术、小波函数及其他众多逼近函数等）与其他数学或物理原理（如加权残值法、变分法或物理类守恒性原理）结合形成一系列应用有效的方法呢？这恐怕也是后续无单元成果陆续问世（如再生积分核类、小波分析类以及其他 Taylor 展开类）的原因所在。

性能出色的 MLS 方法，为在高梯度场问题（如断裂、相变问题、冲击问题、加工成型问题等）上求解失去效力的 FEM 方法带来了一线生机。1994 年 K. Amaratinga、R. Williams 等根据小波分析的思想与伽辽金法结合提出了作为另一无单元形式的小波伽辽金法（WGM），小波分析是当代科学在图像处理上的先进技术，同 Galerkin 法结合发挥了小波分析可以细致处理局部场量的特点。随后，Mly-quayer Chen 等用它对有限域的 Navier-Stokes 的简单形式——Burgers 方程——进行了分析比较，证明了它对微分方程的求解有重要的效果。

1995 年 Wing Kam Liu 等接着用小波分析理论和"再生核"技术结合构造出了一种新的无单元方法——再生核法（Reproducing kernel method）及它的离散式——再生核质点法（Reproclating kernel particle method）。与伽辽金法结合一样，作者用小波分析的窗函数（Window function）在局部区域上平移、缩放的特点，提高了方法的精度。Wing Kam Liu 用此方法研究了动力学问题。M. Hulbort Gregory 用它分析了电磁场问题，Jium-Slyan Chen 等用它分析了非线性结构大变形问题，等等。之后 Wing Kam Liu 等人又将小波分析和多尺度分析等"再生核"技术结合提出了小波多尺度再生核方法（Wavelet and mutilplc scale reproducing kernel method，WMSRKM）。前面提出小波分析来源于图像处理，而多尺度理论来源于"信号"分析。小波分析的特点是"平移与缩放"，而多尺度分析的特点是多分辨率技术。这一方法实现了局部到整体的逼近及高分辨率对精度的调整，从而达到在场的不同区域进行自适应分析的逼近目的。之后，Wing Kam Liu 及 Shaofan Li、T. Belgtschko 将 MLS 与积分核技术结合形成了移动最小二乘积分核的方法，由此可以看出，Wing Kam Liu 等在以积分核为背景的数学概念下做出了一系列无单元形式的发展与开创工作。从而奠定了无单元法比较坚实的理论基础，为无单元法的兴起起到了巨大的推动作用。

1996 年，C. A. Duart 和 J T. oden 等又创立了以 H-P 格式的自适应分析，它基于单位分解思想构造场函数，借助变分方程求微分方程解。同年，Liszka 等又用 MLS 法及加权残值配点法提出了无网格云团法（HPMCM），这是一个真正意义上的无网格法，因它无需积分背景网格，作者分析了带孔板及裂缝扩展问题。同年，Hegen D. 将无单元伽辽金法与有限元法结合，旨在解决本质边界条件的处理问题。1998 年，J T. Oden 等提出了基于 HP 云团的有限单元法（Clouds-based HP finite element method，CBHPFEM），它是一个杂交的方法，是 PHMCM 与 FEM 的结合。它用 FEM 的函数作单位分解函数。这个方法实质上是与美籍华人石根华先生提出的数值流形方法（Numerical manifold method，NUMM）中的数学覆盖一致。每个节点的形函数构成全域的有限覆盖，特点是可以借助有限元插值性处理边界条件,但困难是它又借助于网格来实现,但已不同于一般意义上FEM法,它实质上未将区域离散化处理,没有边界协调性要求。

1998年,L.Belytschko等对无单元法的完备性进行了研究,奠定了较强的数学基础。值得一提是:1998年,Brian M.Donning等人和Wing Kam Liu等人用Galerkin法对有剪切变形的厚梁进行了旨在消除薄膜与剪切闭锁的无单元研究,这一思想使有限元在厚梁、板上的"闭锁"顽疾得以克服。本书将对这一技术进行研究,应用于压力管道厚曲梁计算中。

1999年,美国学者N.Sukumar等又有自然单元法(Nature element-method,NEM)问世,它是用"自然邻居"插值,借助伽辽金法建立方程,对固体力学的高梯度问题、多层材料界面问题、裂缝问题显示了优越性。由此看来,不同的无单元法仍在孕育中。

1999年、2000年,Krysl♯P、Belytschko T等先后研究了混凝土开裂。2001年Paolo等人应用自适应小波伽辽金法研究了弹塑形损伤问题,这标志着无单元法在新的力学问题上的扩展。2001年Gu Y.T.等将无单元迦辽金法与边界元结合成功地分析了二维固体问题。

这里须单独陈述一下单位分解法(Putity of unify)。单位分解法是个比较早的数学概念,用数学覆盖的含义来讲:若某些子集Ω_i对某个总集Ω形成有限数学覆盖,对Ω内某一点的某量值的构成,各个子集覆盖时所占的比例之和恒为1,在有限元的单元位移函数构造中,单元内任一点的位移量值u由各个节点对单元内这点x的覆盖按一定比例所组成,即$U=\sum N_i U_i$,这里$\sum N_i=1$即为单位分解。回顾前面描述的各种无单元法,许多方法都是由单位分解所构成,比如SPH方法、MLS方法及一些积分核再生函数等,所以1996年I.Babuska和J.M.Melenk等从单位分解的角度提出单位分解的有限元法(The partition of unity finite element method,PUFEM),并对其基本定义、误差分析等基本理论和应用方面进行了系统研究。误差分析证明该方法稳定性很好,该方法属无单元方法的范畴,并认为是广义化的H格式、P格式及H-P格式的无单元方法。1997年I.Babuska与J.M.Melenk继续对单位分解法进行了阐述。其实单位分解的意义远非这些,重要的是它在严谨的数学背景下能将众多的无单元法在单位分解的含义下统一起来。

值得一提的是美籍华人石根华先生借助单位分解函数建立的数值流形法(Numerical manifold method,NMM)。数值流形法是石根华先生利用现代数学概念——"流形"——的有限覆盖技术建立起来的一种新数值方法。有限覆盖由数学覆盖和物理覆盖所组成,它可以处理连续与非连续问题。有限元法(FEM)及非连续变形分析(Discontinuous deformation analysis,DDA)都可以包涵其框架内。有限元法在流形法中只有单一的物理覆盖,它覆盖不到数学覆盖。非连续变形分析DDA有许多物理覆盖,它们各自覆盖一部分数学覆盖,而这两种方法只是流形方法的两个特例。在流形方法中只要用不同的覆盖函数组合,可以解决比FEM、DDA更具普遍意义的复杂问题。流形单元法这种以泛函分析的高层次数学理论建立现代数值分析方法的理性思维方法,确实具有超乎一般数值方法的发展气势,只是因为流行方法仅是在FEM和DDA的土壤中孕育,即用现代数学理论高度抽象概括FEM、DDA的场量描述,所以它总是带着"单元化"的痕迹。目前来看它的概念发展超前于实际应用。与无单元法相比，谁将发展更快、更成熟，取决于各自自身的本质属性。无单元法发展得比较快，这主要是它概念比较清晰、易理解，相对于FEM、DDA等常规方法更具特点和补充优势，所以迅速受到人们的青睐，但流形方法的高度概括性也许会很容易将无单元法收罗其麾下，已有一些初步的成果问世。

1.4.2 国内无单元法发展概况

无单元法在我国发展比较晚，最早见于1995年周维垣的介绍与成果。这主要是由于自1977年L.Lucy提出SPH方法到无单元法影响与传入我国也要一个过程。同时，对应用技术转化是比较流行的价值取向，理论研究往往受到疏忽。我国从引入无单元方法到今天，无单元方法发展异常迅速，尤其是在2010年之后的几年里发展迅猛，截至2022年6月，有关无单元（或无网络方法）的文献已有200多篇，数量呈加速上升，但这些文献多数处在消化、吸收与推广阶段，仅有个别局部的开拓与延伸。现就一些有代表性的成果加以归纳叙述。

1995年，中国科学院应用数学研究所的蒋伯诚、张锁春两位合著的《高科技研究中的数值计算》一书中首次提出国防科技大学的贝新源先生作过SPH方面的应用研究。同年，清华大学的周维垣教授、陆明万教授已着手研究无单元法。1996年张锁春在《计算物理》学报发表了题为"光滑质点流体动力学（SPH）方法（综述）"的方案，比较系统地介绍了SHP方法。1997年，贝新源、岳宗五先生等研制了三维SPH计算程序并用于高速碰撞问题。1998年，周维垣教授介绍了无单元法理论及在岩土工程中的应用。1999年，刘欣、朱德懋等对无单元伽辽金法进行了研究，并引入了流形的概念。刘素贞等将MLS法应用于二维电场。张建辉等用伽辽金法分析了板基础问题，首次将无单元法应用于板基础。1999年庞作会、葛修润等将无单元伽辽金法应用于岩土开挖、接触等问题的分析。1998年宋康祖、陆明万作了无网格方法综述。

2000年之后，无单元法在我国逐步扩展开来，一些领域引入了无单元法。陈海燕、刘素贞等将无单元法与FEM法在磁场计算上进行了比较；邹振祝等用MLS法研究了孔洞应力集中问题；寇晓东等研究了拱坝开裂。张伟星等研究了地基板；周小平等研究了无单元插值函数；陈建等基于MLS研究了功能梯度材料板的断裂问题。

2001年，何沛祥等用无单元法与FEM结合研究了功能梯度材料断裂；陈虹等用MLS和有限差分研究了河道水流运动；白泽刚等提出了一种新的核函数；周瑞忠等研究了无单元法的自适应问题。

2002年栾茂田等用无单元Galerkin法研究了岩土类弱拉型材料摩擦接触问题。马泽玲等将基于MLS的无单元法应用于带节理岩体。彭自强等将单位分解法、无网格法、数值流形方法的内在联系进行了研究。韦斌凝用样条无单元法研究了符拉索夫地基上的筏基础。李广信等用MLS无单元法研究了自由面渗透问题。曹国金、姜弘道等对无单元法应用现状作了综述。张选兵等专门研究无单元法处理边界条件的新方法——全变换法。2003年介玉新、葛锦宏用FEM和无单元法研究了渗透问题。陈莘莘等用无单元法研究了稳态热传导。秦雅菲等分析了薄板自由振动问题。王志亮等用无单元法模拟了软基固结沉降。程玉民、陈美娟提出了边界无单元法，并以带权的正交函数作为基函数改进了移动最小二乘法。刘学文等提出了名为配点型点插值加权残值法的无单元法。唐少武等看到如此众多的同志研究无单元法，首次对无单元法的若干概念比如紧支集、权函数、影响域等作了认真注释，对无单元法的推广很有意义。苗红宇、张雄、陆明万又提出了分段拟合直接配点无网格法，使边界条件直接引入并避免了矩阵奇异问题。文建波等基于 Delaunay 三角化思想将无单元法计算结果映射到三角形内以实现云图化。胡云进等开始开展研究三维无单元法，因三维问题中的节点及断裂跟踪比较困难。王志亮、吴勇用无单元法研究了大面积填土自重固结非线性解。卿启湘等对木材拉拔问题进行了分析，通过一致转换得到了一个整体 Langrange 描述下的平衡方程。张苾芬用无网格配点差分法求解了海洋污染中的浓度场问题。2003 年 9 月第七届全国工程中边界元法技术会议暨全球华人边界元与无网格法研讨会在秦皇岛燕山召开；同年 10 月我国计算力学会议在北京召开，并将无单元法研究作为大会主题之一。至此，无单元法以迅猛发展的势头被力学界广泛关注，并走上大雅之堂。2004 年秦荣教授将无单元法应用于板壳非线性分析。仲武等对毛细管电渗流微泵的流体动力学进行了无单元法研究。王洪涛等对二维弹性力学问题提出了奇异杂交边界点法。杨宇红等对 SPH 与 MLS 进行了对比。李树忱基于单位分解的思想提出了无网格数值变形方法。张晓哲等将无单元法与有限元法一起纳入加权残值法的框架。朱合华等进行了任意形状区域的布点技术。刘红生等提出了基于流行覆盖的无网格法。温宏宇首次将无网格法应用于板料成形过程模拟。王学明等研究了 RKPM 形函数的显式表述及快速计算。孙阳光等提出了自然边界元的无网格法，将边界元与无网格优点融合起来。葛东云、陆明万研究了波在各向异性介质中传播规律的无网格法数值模拟问题，等等。

从总的趋势来讲，无单元法（或无网格法）在国内外可谓如雨后春笋，新的成果在不停地涌现着。但目前无单元法在我国的发展略显滞后，仍处在消化、吸收、传播阶段。当然，我国广大科技工作者正在不同的领域快速前进着，并卓有成效地奋力拓展与创新着，走向国际研究水平的前沿。

无单元法目前在国内外正引起人们越来越多的关注，正逐步渗透到各个领域，大有蒸蒸日上的发展前景。相信在不久的将来，人们会弥补无单元法目前存在的各种缺陷，研制出像有限元那样深受大家信赖与欢迎的优秀数值新方法。无单元法将以其自身的优势促进计算科学的发展与进步。

1.5 无单元法的评述

无单元法发展到今天已经有 40 多年的历史，在国外，从 1977 年 SPH 法的提出到 1981 年具有无单元法象征意义的 MLS 技术的出现，经历了 5 年的时间。之后，用 MLS 法、再生核估计、小波理论同一些基本原理相结合而产生迦辽金类、再生核类、单位分解类，已经是 20 世纪 90 年代初期的情况。总体上讲，无单元的研究仍处在发展阶段。相对于国内，国外无单元法的基本理论及其应用有比较好的基础，取得了显著成就。尤其像以 MLS 为场函数产生的无单元法类占据了无单元法的主要组成部分。到 20 世纪末，国外基本完成了现有几种主要方法的理论框架（如 SPH、Galerkin 类、再生积分核类、有限点类），并很成功地应用于各学科领域（如固体力学、断裂力学、电磁场、机械加工、冲击浸彻、图像处理等），尤其是在军工及图像信息处理方面具有显著的成绩。这是无单元法在高科技领域取得的比较显著的成果。在国内，尽管引入时间较短，但正在各学科领域展开了轰轰烈烈的研究热潮，2000年之前可以说是我国对无单元法的引进消化期，2000年之后，我国的无单元法研究仍处于引入和移植应用阶段，主要应用于常规的学科领域，如断裂、流体力学、电磁场、温度场等。理论成果相对较少，有的也大多在原有的框架内作以修改、延伸与补充，也有些作者试图在场函数的构造上作以原创性推进，但还未见太多成效。但这并不是说无单元法没有工作可作。任何方法都有其自身的局限性，在三维问题上计算量太大的问题、边界条件处理问题是无单元法目前的最大障碍，就此，作者在本书作为研究的重点之一，研究新的场函数构造方法以解决计算量大及本质边界条件难以处理的问题。无单元法的研究应将以下3点作为研究的基础。

（1）理解无单元法产生的根源及无单元法的优劣势。无单元法 SPH 萌芽于1977年，最初用于天体物理计算，但真正无单元法的兴起是由于 MLS 的出现及 FEM 方法在一些物理计算领域内的失效。FEM 的失效在于它的本质所在——将区域的单元化，而"单元化"要求的"单元完整性"（不断裂、不畸变）及单元相邻边界间的"协调性"，使有限元方法遇到了困难。无单元法的优势是它继承了有限元法由局部到整体的构造场函数理念，而且可以获得高阶的场函数（这是有限元法很难实现的），也不用顾及单元的协调性，可以对连续与非连续介质场进行数值计算。它的弱势是它构造场函数（如 MLS）时的运算量问题及场函数没有插值性的边界处理问题。认清上述问题后才能有的放矢，找准突破方向。将其优点加以继承，将其弱点加以排除，构造更加完善的无单元法理论体系。

（2）继承无单元法构造场函数的内在技巧，即用有限覆盖技术及紧支撑权函数构造场函数的"由局部到整体"的构造技巧。采用如此技巧是无单元法的精妙所在。之所以要采用局部紧支撑权函数及有限覆盖技术形成全域的场函数，是为了避免不必要的全域内整体式运算。MLS 不同于传统最小二乘法的主要特点是，传统最小二乘法一次性涉及到了全场的节点参量，运算由此而复杂。所以从有限元继承来的由局部到整体的计算理念，无单元法要继承下来，也是构造新的场函数务必不可丢弃的一点（除非有更优秀的措施出现）。

（3）要对节点布置技术尤其三维问题的节点布置技术作以研究；要对权函数的影响域及非凸域处的影响域进行研究。这牵涉到计算量及精度，尤其是后者，直接对敏感区的精度有较大影响。因为非凸域处往往有应力梯度骤降骤升之现象。当然还有其他许多要解决的问题，如无单元法运用到其他场的计算问题，运算速度问题，各方法的程序模块的整合问题等。现代数值计算的基本思路是先构造某种场函数，再与某种数学物理原理相结合形成求解方程，如有限元法（FEM）、无单元法（MM）、加权残值法（WRM）、变分法（VDM）、Galerkin 法等等。那么，我们是否在如此框架下继续开发新的方法或是跳出这个框架研究新的方法，也是值得研究的问题。

无单元法作为一个新兴的数值计算方法如雨后春笋呈现一派生机，它对许多领域的高梯度场所展现的优势非常明显，对常规场量的数值计算也同样能够胜任。所以，有理由相信在不久的将来无单元法将成为最主要的数值计算方法之一。

1.6 本书研究的主要内容、技术路线及创新点

1.6.1 本书研究的主要内容

综上所述：加劲压力管道外压稳定问题的分析，从模型、理论到计算方法都急需进一步研究和发展。在计算模型上存在简化失真，在计算理论、方法、计算手段都相对落后，这些都是本书研究的重点、难点。同时，目前的加肋压力管道物理模型有待改进，一种能比较完整地反映加劲压力管道受力及变形的新模型急需建立并用于求解。

基于以上分析，本书将在计算模型、计算理论和计算方法上进行改进。本书的计算模型是：将光面或加肋的水工压力管道，看作具有初始几何缺陷的几何非线性弹性力学模型来研究；结构上，将加肋压力管道看作厚曲梁（肋）与薄壳的组合体。新的模型对露天和埋藏式压力管道都适用，不加肋的露天和埋藏式压力管道的计算只需将加肋退化掉即可，对其他类似工程问题也适用。

在压力管道稳定分析的理论方面：本书认为应采用几何非线性分析理论，对这种大型薄壳结构仅仅考虑线性是不够的。同时应考虑缺陷的影响，考虑管壁的鼓包与凹陷，考虑混凝土与管壁间的缝隙缺陷。对加肋部分宜采用线性分析理论，因厚曲梁在其轴线所在的平面内变形比较小。

在计算方法上：本书认为应另辟蹊径采用无单元方法，以避免有限元方法在壳体几何描述上的困难，以及单元离散后构造高阶形函数的困难。同时发挥无单元法的优点，构造高阶形函数，并恰当地构造形函数以消除厚曲梁变成薄曲梁时的剪切与薄膜"闭锁"。无单元法在本书中得到了技术上的改进与开拓。

在计算手段上：本书认为应采用计算机化，为地下压力管道的程序化设计创造条件。

由此，在继承前人成果的基础上，科学地构思，本书重点作以下研究：

（1）压力管道的模型研究是一个关键性问题，它不仅关系到计算的复杂性，更重要的是计算的准确性。本书在模型上将更加遵从实际结构的受力变形状态，由目前的二维分析还原为三维状态。并从实验分析与事故调研的基础上明确其失稳变形的破坏机理。并将结构看成厚曲梁与薄壳的组合体进行分析，以反映结构的实际力学状态，同时，将几何缺陷也科学地模型化。并兼顾分析模型上的通用性，便于拓展到其他类似结构的分析，如海底输油管道、火电厂地下输水管道、航天航空器壁壳，等等。

（2）计算理论上，按照几何非线性弹性理论进行分析。之所以放弃后屈曲状态的非线性物理模型是因为我们从工程实际出发可以知道，压力管道在施工及制作时往往不可避免地存在着初始几何缺陷，它的失稳是极值点失稳类型，所以它的失稳一旦发生，往往就会产生大的变形而破坏，此时分析后屈曲没有太大的实际意义。为了安全考虑及考虑薄壳的力学特点，应采用大变形几何非线性弹性理论。同时，因为失稳对缺陷的敏感性，所以有关缺陷的模型研究及计算列式推导（如几何方程）必须得到科学有效的解决。

（3）分析方法上，本书放弃解析法、有限元法或半解析有限元的思路，因为有限元对壳体结构及厚曲梁的描述受到局限。用有限元法描述厚曲梁，势必对剪切变形单独进行位移模式的构造，而一旦遇到薄的曲梁难以退化，这是由于低阶的有限元位移模式容易产生

剪切与薄膜"闭锁"，有限元描述薄壳也面临着计算列式复杂、自变量多的问题；用三维退化元倒是好办法，但退化到薄壳也一样产生剪切与薄膜闭锁。所以有限元方法在肋壳组合结构的稳定性分析方面受到局限。半解析半有限元法的确减少了自由度，但其对"肋看成板"的有限元描述会失去普遍性，尤其是没有对"几何缺陷"进行处理是一个缺憾。鉴于此，本书拟采用近几年新发展起来的无单元技术。无单元法分析壳体可以发挥它可构造高阶连续形函数的特点，不必顾虑协调性，避开有限元法分析壳体时难以克服的困难。所以用无单元法分析加肋柱壳是一个合理的新思路，自由度少，列式简单，采用本书提出的构造形函数的新技术，无需像传统无单元Galerkin法一样大量求逆。运算量少，具有过点插值性，边界条件易处理。具有其他数值方法无可比拟的优越性，而更重要的是无单元法可以消除"闭锁"，可对厚、薄曲梁进行一般性模拟。对厚壳也可如法炮制，并容易退化到薄壳，只是本书主要针对薄壳稳定性进行分析，壳都比较薄，所以直接以薄壳为分析对象，但相对于有限元，仍然很方便。因为无单元仅需节点无需单元，且构造位移模式比较容易，精度高。因此本书试图开创新的无单元形函数，还有非凸域处权函数影响域的处理等一系列的关键问题都须解决。当然，本书不仅对无单元技术本身进行了开拓，而且强调无单元法的普适性。从方法本身讲，有限元方法能够处理的问题无单元方法可以处理，有限元方法难以处理的问题无单元方法却仍然卓有成效；从应用领域讲，无单元方法不仅可应用于水工问题（如带裂缝的坝体强度分析、渗流计算、液固偶合问题等），而且可应用于其他工程问题（如海底输油管道、航空航天器壁壳等）。

总之，本书研究依据新的计算模型，继承大变形稳定性分析理论，考虑初始几何缺陷，在数学上采用无单元计算方法，用变分原理建立控制方程，并用实验分析的手段对以上所述理论、模型、方法进行实证研究，从而构造新的分析理论与方法。同时强调方法理论的通用性（在模型研究、理论研究、程序设计或者实验研究中都注重这一点），以便更好地为其他工程的类似问题服务，发挥更大效用。

1.6.2 技术路线及创新点

本书采用工程调查、实验研究，理论分析与计算相结合的技术路线，展开研究。首先，进行调研，掌握翔实的工程破坏资料，了解工程构造及相关数据。其次，进行理论研究，掌握压力管道稳定性分析理论发展状况；弄清现有理论成果的优点与不足，确定新的计算模型，提出新理论；进行压力管道失稳破坏计算程序的研制，用精确解考证理论分析结果。然后，进行实验研究，设计实验装置，制作实验模型，观察实验现象，获得实验数据。并与理论计算及工程实例相比较，验证计算模型及理论方法的正确性。

创新点概括起来有以下几点：

（1）综合分析了目前压力钢管稳定性分析理论与方法，指出了现有理论与方法的不足之处；经过工程调研和试验研究，创建了带缺陷加肋压力钢管几何非线性稳定性分析的数学物理模型。

（2）创建了无单元方法新技术。在消化吸收无单元法思想内涵的基础上，借鉴其他数值计算方法的优点，提出了更加方便、有效的场函数构造新方法。新形函数构造技术，计算简便且有过点插值性，使本质边界的处理像有限元法一样方便；针对无单元法在处理裂缝尖端、尖锐凹角的尖端等处的高梯度场问题的影响域时，会遇到影响路线被边界阻断而

17

绕道传递的情况，在保证计算精度的情况下，本书提出了新的影响域计算公式——弦弧准则；还研究了不规则边界在高斯积分网格内的高精度积分技术，等等。

（3）研究并提出了一种管壳外压稳定性分析的加载技术及配套技术。验证了本书提出的计算模型、计算理论与计算方法的正确性。还将计算机模拟与实证性实验相结合进行仿真分析，研究了管壳几何因素、缺陷因素对失稳临界荷载的影响，同时也证明了传统方法的局限性，达到了预期的实验目的。

第 2 章　压力管道稳定性理论的继承与发展

2.1　水电站压力管道分类

水电站压力管道的发展，与社会生产力及科学技术的发展水平是相适应的，经历了由小型到大型、由简单到复杂的历史过程。按照钢管是否直接和大气接触，水电站压力管道可以分为露天式（即明敷钢管）和埋藏式（简称埋管）两类。

《水电站压力钢管设计规范》（NB/T 35056—2015）将水电站压力管道分五种基本形式：明管、地下埋管、坝内埋管、钢衬钢筋混凝土管、其他管型（如回填管）。牵涉到稳定性问题的主要在于前 3 种。

2.1.1　明管

明管是最原始、最典型、最基本的水电站压力引水管道形式。由于明管具有维护简单、检查方便、受力明确、不易发生外压失稳事故、经济安全等优点，所以明管备受青睐，并得到了广泛的应用。早期水电站一般规模较小，同时由于钢板连接工艺和铆接方法的局限性，明管仅用于小型压力管道。1925 年初，电弧焊的发明，使钢板高质量焊接得以实现，这使钢结构的大革命促进了高 HD 值压力钢管的蓬勃发展，如法国蒙·塞尼水电站中的压力管道（$HD=3050\text{m}\cdot\text{m}$）、日本奥清津水电站压力管道（$HD=3401\text{m}\cdot\text{m}$）、意大利的塞·费奥拉那水电站压力管道（$HD=3266\text{m}\cdot\text{m}$）、奥地利的罗达乌水电站压力管道（$HD=3173\text{m}\cdot\text{m}$）和法国的拉克西水电站压力管道（$HD=3048\text{m}\cdot\text{m}$）。这些水电站压力管道均采用的是明管形式。

光面明管只是靠管壁单独承受内水压力，对超巨型压力管道毕竟显得有些身单力薄。同时如果只为了提高钢管承载能力而不断加厚管壁，这必然使得制造、焊接等工艺过程变得更加复杂，基于这种问题，法国和意大利的专家发明了箍管。箍管就是让管壁与高强度钢箍共同承担内水压力，从而可以减小管壁厚度。但实际上，外面的钢箍并非总能承受高压，所以法国专家们又设计了双层钢管。双层钢管是在两层管之间留有空隙，在内水压力作用下，内层钢管先进入塑性状态工作，然后两层钢管紧密贴在一起共同承载，外层管在弹性范围内工作，因为两层钢管的缺陷不可能重合，所以双层管的安全度极高。法国和意大利均有箍管和双层管的成功建设经验，如法国的罗斯兰水电站（$HD=4840\text{m}\cdot\text{m}$）采用箍管和双层管；蒙·塞尼水电站（$HD=3050\text{m}\cdot\text{m}$）、卡卜·德龙水电站（$HD=1440\text{m}\cdot\text{m}$）采用箍管。不论箍管还是双层钢管，均靠钢管自身承受内水压力，故均属明管。

由于明管完全依靠管壁单独承受内水压力，显然薄壁明管不能适应高 HD 值，若增加管壁厚度，又必然带来制造、安装、施工等方面的困难及一些其他技术难题，因此，露天明管的应用实际上还是受到一定的限制。

2.1.2 地下、坝内埋管

尽管明管有很多优点，但并非所有情况都能采用露天明管。当引水式水电站引水管道需要穿越山丘，或坝后式水电站的引水管道需要穿越坝体时，此时若采用明管，就会增加引水管道的长度和工程投资，所以人们自然会想到采用埋藏式管。埋藏式压力钢管是指埋藏于地层岩石或坝体中的钢管，是开挖围岩、安装钢管后，在岩层或混凝土与钢管之间浇注混凝土（或水泥砂浆）而成。无论地下埋管还是坝内埋管，周围岩体或混凝土结构总要承担一部分内水压力，承担压力的大小与钢管及管周介质的力学特性有关。

地下埋管钢衬的厚度与管周岩体的力学特性、地质构造密切相关。岩体是一种十分复杂的结构，岩体的弹模在同一位置不同方向是不同的，具体应如何取值，目前还没有完全统一的观点。谨慎的设计者取低的弹模，大胆的设计者取较高的弹模。在地质条件和岩体较好的情况下，也可不设钢衬，采用钢筋混凝土衬砌，这种结构形式多用于上游引水洞，如我国的渔子溪水电站、莲花水电站。但如果地质条件较差、地下水位较高时，就必须采用埋管。地下埋管在管道放空的情况下，管壁很可能被外水压力压坏即发生外压失稳，因此，地下压力管道的设计工作就显得尤为重要，它比设计明管要复杂得多，所以也是本书研究的重点。

在 20 世纪 60 年代以前，混凝土坝坝后式水电站多采用坝内埋管，这种布置方式可以使引水管道缩小到最短，另外还有减小水头损失、降低水击压力、提高发电效率、节省工程投资等优点。

近几十年来，埋藏式钢管得到了越来越多地应用，这一方面是由于地下电站的大量修建；另一方面是由于有许多工程的管道沿线地面条件不利（如地形起伏、滑坡、泥石流等），或者是出于保护风景区的需要，在强烈地震区，修建埋藏式钢管也比明管有利。更有一层重要原因，则是由于压力钢管的水头和尺寸不断增加（即高 HD 值），设计和制造明管的困难愈来愈大，采用埋藏式钢管可以利用围岩抗力来减小钢管负担的荷载，从而可以减小钢管的尺寸。因此，除非受地质条件限制，地下钢管总是通过回填混凝土与围岩紧密接触，而不采用在混凝土衬砌的斜井、平洞或竖井中敷设明管的做法。

在地下埋管的设计中需要解决好的一个重要问题是当管内水被放空时钢管承受外水压力（或其他能够导致产生外压的情况）的稳定性问题，这个问题比内压问题更需注意。在第 1 章绪论中，已经提到国内外有不少埋管由于外压失稳而遭到破坏的事例。

2.2 目前压力管道外压稳定性分析方法

2.2.1 露天明管的外压稳定性计算

当露天明管发生负水击或其他原因（如水管放空时通气孔失灵），管内将产生真空，此时钢管将受均匀外压力，假设通气孔全部堵塞，此时压力值等于大气压。这对于薄壳结构的钢管来说，往往容易丧失稳定而被压瘪。为此，需要进行外压稳定计算，以决定管壁的厚度或者刚性环的尺寸和间距。在外压稳定计算中，分为光面管稳定性计算及加肋管稳定性计算。加肋管的计算又分加劲环的稳定性计算及环间管壁的稳定性计算，对于加肋管主要是管壁的稳定性计算。

2.2.1.1 露天光面管抗外压稳定计算

光面薄壁钢管受均匀外压时，临界压力计算公式为

$$P_{cr} = 2E\left(\frac{t}{D_0}\right) \tag{2.1}$$

式中　P_{cr}——临界压力，N/mm^2；
　　　t——壁厚，mm；
　　　E——弹性模量，N/mm^2；
　　　D_0——内径，mm。

2.2.1.2 露天加劲管的稳定计算

1. 加劲管加劲环的稳定计算

管壁加上加劲环，提高了附近管壁的刚度，因而提高临界外压值 P_{cr} 值。对于加劲环的临界外压值 P_{cr}，可按下列两式中的小值取用：

$$P_{cr1} = \frac{3EJ_R}{R^3 L} \tag{2.2}$$

$$P_{cr2} = \frac{\sigma_s F_R}{rL} \tag{2.3}$$

式中　J_R——加劲环有效断面惯性矩，mm^4；
　　　R——加劲环有效断面半径，mm；
　　　σ_s——钢的屈服强度，N/mm^2；
　　　F_R——加劲环有效断面面积，mm^2；
　　　L——加劲环间距，mm；
　　　r——管壁的内半径，mm；

其他符号意义同前。

2. 加劲管加劲环间管壁的稳定性计算

设置加劲环的钢管在外压作用下，加劲环必须同时满足两个要求：①加劲环不能失稳屈曲；②加劲环不失稳时，其横截面的压应力小于材料允许值。

加劲环的刚度足够大，在设计外压下不应失稳。这时相邻 2 加劲环之间的光滑管壁，因其两端受到较大刚性约束，在外压作用下，失稳变形的形态为多波形，此时发生屈曲所需的外压值要比光面管发生屈曲的外压值大。当加劲环间距很小时，其间管壁将完全随加劲环而变形，管壁的临界压力即加劲环的临界压力。当加劲环间距相当大时，远离加劲环的管壁已受不到环的加劲约束作用，其临界压力公式与不设加劲环的光面管相同。加劲环间管壁的临界压力值计算，我国采用 Mises 公式：

$$P_{cr} = \frac{Et}{r(n^2-1)\left(1+\frac{n^2 L^2}{\pi^2 r^2}\right)^2} + \frac{Et^3}{12r^3(1-\mu^2)}\left[n^2-1+\frac{2n^2-1-\mu}{1+\frac{n^2 L^2}{\pi^2 r^2}}\right] \tag{2.4}$$

$$n = 2.74 \left(\frac{r}{L}\right)^{\frac{1}{2}} \left(\frac{r}{t}\right)^{\frac{1}{4}} \tag{2.5}$$

式中 n——对应最小临界应力的屈曲波数；

L——加劲环间距；

其他符号意义同前。

用式（2.4）计算时应采用 P_{cr} 为最小值时的 n 值，需用试算法。初估时先用式（2.5）计算 n，取整数，再用 $n+1$、n、$n-1$ 三个数分别代入式（2.4）求 P_{cr}，所得最小值就是所求的临界荷载。

2.2.2 埋藏式钢管外压稳定性计算

埋藏于岩体或混凝土坝内的水电站引水钢管，在电站正常运行时主要承受内水压力。钢管外围混凝土和岩石往往能够分担很大一部分荷载，甚至承担全部内水压力，此时钢衬只起防渗作用。但是，当钢管放空时，管壁受到外压荷载（如外水压力），因此出现钢管在外压作用下的稳定问题，也就是通常所说的防止发生鼓包或管壁压瘪的问题。在某些条件下，外压稳定是决定管壁厚度的主要因素。

2.2.2.1 钢衬所受外压力

从国内外有关资料来看，由于各种因素的影响，埋藏式压力钢管外压失稳的事故不少，有些还造成了相当严重的后果。其主要原因是受到了超过临界压力的外荷载，钢衬所受的外压力主要有：

（1）施工期灌浆压力。施工期对钢管外围混凝土进行回填灌浆或接触灌浆时，如果不按规程进行灌浆，或对压力控制不当，很容易造成钢管失稳破坏。因此，灌浆时应采取在管内加临时支撑和控制压力的办法防止失稳。

（2）外水压力。在电站运行期间，当钢管放空时，管壁受到大于设计外压力的外水压力作用，加上钢管外围混凝土浇筑质量不好、钢管椭圆度较大等因素，也往往造成压力钢管失稳破坏，而且失稳的范围一般比灌浆压力引起的范围大得多，后果也更为严重。钢衬所受的地下水压力值，可根据勘测资料选定，根据最高地下水位线来确定外水压力是稳妥的，但常会使设计值过高。同时要分析水库蓄水和引水系统渗漏等地下水位的影响。如果地下水位过高，则应考虑降低地下水位措施（如设排水廊道等），按降低后的地下水位作为钢衬的外水压力。对所设排水措施，如有可能堵塞，则应根据堵塞和通气孔失灵程度，决定校核外水压力值。

（3）浇筑混凝土垫层时的外荷载。钢衬安装好后，浇筑混凝土垫层时，流态混凝土对钢衬产生外压力，如果钢衬内部不加支撑，则必须根据钢衬稳定条件，决定一次浇筑的高度。

2.2.2.2 埋藏式压力钢管失稳屈曲的计算理论和方法

埋管由于在钢管周围包有混凝土和围岩，因而其抗外压失稳的能力有很大的提高。对所设计的钢管进行抗外压稳定计算，归纳为计算其临界外压力 P_{cr}，计算方法多按平面问题进行研究，即认为钢管是均匀介质中的弹性圆环，其周围的垫层是刚性的。埋藏式压力钢管的抗外压稳定也包括光面管、加劲环间管壁和加劲环本身的稳定三个方面，下面分别介绍其设计方法。

1. 光面管稳定性分析

光面管有以下计算方法。

(1) 经验公式初步计算。

$$P_{cr} = 620 \left(\frac{t}{r}\right)^{1.7} \sigma_s^{0.25} \tag{2.6}$$

式中　r——钢管的内半径；

其他符号意义同前。

(2) Amstutz 公式。Amstutz 重点研究了无加劲环的埋管在外压下的屈曲，而且其精确解与实验结果吻合的较好，曾被工程广泛采用。其主要假定是：管壳失稳时，并不在全周产生许多不同类的波形，而只在部分圆周上形成一个孤立的失稳区。多个波形只能在初期出现；随着外压的增大，在向外变形的波峰处，管壳与混凝土接触；进一步加载使它们越贴越紧，此时，由于管壳可以相对于混凝土滑动，有些波形被展开，只留下一个孤立的鼓包。迫使鼓包顶部最大应力到达屈服点 σ_s 的压力即为临界压力 P_{cr}。Amstutz 公式是针对光滑圆筒按单宽计算给出的，但它还研究了有加劲环的埋管，只是将公式中的断面特征惯性矩 I、$i=\sqrt{I/F}$ 及 e 取为加劲环与其联合作用的管壁面计算（后者宽度取为 $30t$）。断面特征相应为 I_k、$i=\sqrt{I_k/F}$、e_k，F 取为两加劲环间全部管壁和加劲环断面积，整体失稳精确公式如下：

$$\left(E' \frac{\Delta}{r_1} + \sigma_N\right) \left[1 + 12\left(\frac{r_1}{t}\right)^2 \frac{\sigma_N}{E'}\right]^{3/2} = 3.46 \frac{r_1}{t} (\sigma_{s0} - \sigma_N) \left[1 - 0.45 \frac{r_1(\sigma_{s0} - \sigma_N)}{tE'}\right] \tag{2.7a}$$

其中

$$E' = E/(1 - \mu^2)$$

$$P_{cr} = \frac{\sigma_N}{\dfrac{r_1}{t}\left[1 + 0.35 \dfrac{r_1(\sigma_{s0} - \sigma_N)}{tE'}\right]} \tag{2.7b}$$

其中

$$\sigma_{S0} = \frac{\sigma_S}{\sqrt{1 - \mu + \mu^2}}$$

$$\Delta_P = \frac{qr_3}{1000K_{01}} \left(1 - \frac{M_d}{E_d}\right) \tag{2.7c}$$

式中　σ_N——管壁屈曲部分由外压引起的平均应力，N/mm^2；

　　　Δ——缝隙，包括施工缝 Δ_0、钢管冷缩缝 Δ_s、围岩冷缩缝 Δ_R 及围岩塑性压缩系数 Δ_P；

　　　q——围岩分担的最大内压，N/mm^2；

M_d、E_d——围岩变形模量及弹性模量。

Amstutz 在公式中考虑了弯曲中心线长度的倾斜影响这一非线性因子，还考虑了管壳有初始椭圆度和纵焊缝错距的情况。

(3) Jacoben 法。Jacoben 研究这个问题时采用了与 Amstutz 论文中相同的假定，将

F 取为所研究的压力钢管管壳和加劲环的总横断面面积，对设加劲环的压力钢管的 Amstutz 解，Jacoben 提出如下不同意见：

1) Amstutz 的简化公式与实际结果有时相差很大，因为在简化公式中，管壳环向应力 σ_N，函数 Φ、Ψ 中的 ε 范围取为 $5<\varepsilon<20$，但在加劲环管道和厚壁管道中，ε 的值常常低于 2.0。

2) 对于设加劲环的管道，l_{ef} 应取为 $1.556\sqrt{rt}$ 而不是 $30t$。

3) 在计算 $i=\sqrt{I/F}$ 时，取 I 为加劲环有效断面的惯性矩、取 F 为整个加劲环间的面积偏于保守。

Jacoben 的计算公式如下：

$$r/t = \sqrt{\frac{[(9\pi^2/4\beta^2)-1][\pi-\alpha+\beta(\sin\alpha/\sin\beta)^2]}{12(\sin\alpha/\sin\beta)^2\{\alpha-(\pi\Delta/r)-\beta\sin\alpha/\sin\beta[1+\tan^2(\alpha-\beta)/4]\}}} \quad (2.8a)$$

$$(P/E^*) = \frac{[(9\pi^2/4\beta^2)-1]}{(r^2\sin^3\alpha)/[(I/F)\sqrt{(12I/F)\sin^3\beta}]} \quad (2.8b)$$

$$\frac{\sigma_s}{E^*} = \frac{t}{2r}\left(1-\frac{\sin\beta}{\sin\alpha}\right) + \frac{P_{cr}r\sin\alpha}{E^*t\sin\beta}\left[1+\frac{4\beta r\sin\alpha\tan(\alpha-\beta)}{\pi t\sin\beta}\right] \quad (2.8c)$$

式中　　α——压屈波对于圆筒中心所对的半角；

　　　　β——新的平均半径通过压屈波的半波所包的半角；

　　　　E^*——钢管的折算弹性模量，$E^* = E/(1-\mu^2)$，N/mm^2；

　　　　Δ/r——缝隙比；

α、β、P_{cr}——未知量。

Jacoben 法和 Amstutz 法的共同缺陷：采用总面积 F，假定径向压力产生的应力 σ_N 在加劲环和管壳整个断面均匀分布，但事实并非如此，加劲环支座对管壳中的应力 σ_N 的影响只是在沿加劲环的狭窄区域内分布（边缘效应区），在该区域外，σ_N 可采用柱壳公式解（其值略高于平均应力 σ_N）。

2. 加劲钢管的临界外压稳定计算

（1）加劲环间管壁的稳定性计算。

1) 采用 Mises 公式。见式（2.4）和式（2.5）。

2) 赖-范法。赖-范法是国内学者赖华金、范宗仁等根据 Amstutz 的主要假定推导的计算方法，简称赖-范法。其基本理论如下，为了求得带加劲环的埋藏式压力钢管外压屈曲的临界荷载，除了应用弹性理论的基本假定外，再作如下假定：在外压作用下，管壁局部凹陷形成 3 个半波；刚性环在管轴向不允许转动，即靠环的管壁沿纵向不转动；沿纵向的位移为零，即 $U=0$，刚性环为绝对刚性，即刚性环无径向位移。利用外压屈曲的边界条件，根据柱壳失稳的普遍微分方程，推导出了临界压力 P_{cr} 的公式：

$$P = E^*\frac{t}{r}\frac{1-\frac{\mu}{2}\lambda^2}{(\eta^2-1)\left(\frac{1-\mu}{2}\lambda^2+\eta^2\right)} + \frac{E^*}{12}\left(\frac{t}{r}\right)^3\left(\eta^2-1+\frac{t}{3}\lambda^2+\frac{\frac{16}{3}\lambda^4+\frac{2}{3}\lambda^2}{\eta^2-1}\right)$$

(2.9)

2.2 目前压力管道外压稳定性分析方法

其中 $E^* = E/(1-\mu^2)$，$\lambda = \pi r/l$，$\eta = \dfrac{n\pi}{2\alpha}$。

P 对 η 取极值时即得 P_{cr}，即 $\dfrac{\mathrm{d}P}{\mathrm{d}\eta}=0$，这时 η 可查表。

文献 [13] 作者利用试验来验证其公式的可靠性，但从实验结果来看，仅当加劲环间距 l 较小时（$l=r$），计算值与实测值才比较吻合，但当 l 较大时（$l=2r$），计算值比实测值小 16.9%，过于偏保守。对赖-范法作者做如下讨论：

a. 该方法没有考虑钢管与混凝土之间可能存在的黏结力，但计算时可忽略之，作为安全储备。

b. 计算公式中没有反映加劲环断面尺寸对临界压力 P_{cr} 的影响。

c. 没有考虑钢管管壳与周围混凝土之间的初始缝隙的影响。

d. 视刚性环为绝对刚性，只考虑了加劲环间管壳的局部失稳，没有考虑加劲环与其周围管壁的互相影响。

3）压力钢管稳定性分析的半解析有限元法。根据前面的分析可以知道，对于埋藏式带加劲环的钢管稳定分析是分别计算加劲环和加劲环间管壁的临界外压。计算加劲环间管壁的临界外压时，假定管壁在加劲环处为固结，即假定加劲环的刚度是无限大的，没有考虑加劲环刚度的大小对管壁临界外压的影响。而计算加劲环的抗外压稳定时，没有考虑等效翼缘以外管壁对加劲环临界外压力的影响（如 Jacoben 法），或没有准确地考虑等效翼缘以外管壁的影响（如 Amstutz 法和 Svoisky 法），使计算精度受到影响。

由于加劲环和等效翼缘以外管壁对各自的临界外压是相互影响的，在分析加劲环钢管的抗外压稳定问题时，应该对加劲环和加劲环间的管壁进行整体分析。半解析有限元法，沿轴向解析，沿轴向采用离散的有限元法，把结构离散为圆柱壳单元和圆环板单元。在整体分析中，把各个单元由边缘连结在一起，这样一来，就把圆柱壳的刚度连同加劲环的刚度一起反映到整体刚度方程中去，但该方法没考虑缺陷的影响。

实际上，钢管并不是理想的圆柱壳，在某个或某些部位会存在着初始缺陷。外包混凝土局部可能存在空洞，致使钢管与外包混凝土之间初始不均匀，因此在钢管屈曲时，有缺陷的部位可能先向内凹或外凸，进而发生失稳屈曲。

（2）加劲环的临界外压。

1）强度条件控制。

$$P_{cr} = \dfrac{\sigma_s F}{rL} \tag{2.10}$$

式中　F——加劲环有效截面（包括等效翼沿 $0.78\sqrt{tr}$）。

2）Jacoben 计算公式。

$$r/\sqrt{(12I/F)} = \sqrt{\dfrac{[(9\pi^2/4\beta^2)-1][\pi-\alpha+\beta(\sin\alpha/\sin\beta)^2]}{12(\sin\alpha/\sin\beta)^2\{\alpha-(\pi\Delta/r)-\beta\sin\alpha/\sin\beta[1+\tan^2(\alpha-\beta)/4]\}}} \tag{2.11a}$$

$$(P/EF)\sqrt{(12I/F)} = \dfrac{(9\pi^2/4\beta^2)-1}{(r^2\sin^3\alpha)/[(I/F)\sqrt{(12I/F)}\sin^3\beta]} \tag{2.11b}$$

$$\frac{\sigma_s}{E} = \frac{e\sqrt{(12I/F)}}{\sqrt{(12I/F)}r}\left(1 - \frac{\sin\beta}{\sin\alpha}\right) + \frac{P_{cr}\sqrt{(12I/F)}\,r\sin\alpha}{EF\sqrt{(12I/F)}\sin\beta}\left[1 + \frac{8\beta r_1 e\sin\alpha\tan(\alpha-\beta)}{\pi(12I/F)\sin\beta}\right]$$

(2.11c)

式中 α——压屈波对于圆筒中心所对的半角；

   β——新的平均半径通过压屈波的半波所包的半角；

   E——从加劲环的中和轴到加劲环外缘的距离；

   P_{cr}——未知量。

2.3 目前加劲压力管道稳定性计算模型与计算方法存在的缺陷

加劲压力管道是一个肋壳组合结构。目前国内外对管壳一般采用 Mises 公式。Mises 公式的计算模型将肋对壳的作用看成简支，这对于肋间距较大，且失稳发生在离肋较远的情况公式的计算比较有效，反之则不然。同时 Mises 公式没有考虑缺陷因素的影响，这对大型压力管道的分析是不可忽视的。Amstutz 公式本身就存在着局限性，假定弹性模量是常数，一旦外力较大而材料强度不太高时就不适用。Jacoben 与 Amstutz 都是取单位宽度的圆环推出的公式，计算加劲环时只将管壁上的面积计入一部分，这种方法有较大的随意性，误差较大。

半解析有限元法计算模型已经比较完善，但将加肋看成板，且认为有沿轴线方向的位移不可取。事实上加肋管壳的环肋周围受混凝土甚至锚杆的制约，无法产生沿管轴线方向的变形，而只能在自己轴线所在的平面内与管壁一起变形，实验结果也证明了这一点，同时该模型也没有考虑缺陷的作用。况且用有限元法处理薄壳问题，在几何及位移描述上存在着困难；对于加肋也只能作为厚梁来处理，那么厚梁用有限元法解要考虑剪切变形，此时位移模式描述更加困难。而一旦考虑这种厚梁模型退化成浅梁的情况又存在着剪切"闭锁"现象，这都为有限元法解肋壳组合体的稳定性问题形成了障碍。

赖-范方法也同样没有考虑缺陷因素，并且设管壁局部凹陷形成 3 个半波是人为的，且认为加劲环无径向位移也很不恰当。

模型的不正确难免产生计算公式的不准确，即使偶尔得出与试验结果相吻合的情况也存在很大的偶然性。为了科学有效的求解临界荷载，必须在继承前人优秀成果的基础上建立正确的物理模型、数学模型。作者认为：应将加肋压力管道看成一个管壳与厚曲梁的组合体，二者协同工作，肋沿管壳纵向无位移，管壳采用几何非线性分析，且考虑初始几何缺陷，这种缺陷包括管壁自身加工的缺陷，如椭圆度、鼓包或凹陷；也包括混凝土与钢管间的缝隙 Δ，本书将缝隙 Δ 转化成管壁的几何缺陷。工程事故调查及本书试验也证明：混凝土与钢管的缝隙 Δ 往往产生鼓包或凹陷，使管壁在此处率先发生"位移"，然后在不断增加的外荷载下发生多半波屈曲失稳破坏。因此，在鼓包（或凹陷）出现之前，可以认为是管壳的初始位移。同时认为缺陷的大小与缝隙 Δ 的大小一致，比较符合试验与工程实际，Amstutz 公式也考虑缝隙 Δ，但只考虑其幅度，却没考虑其范围大小。

具体描述管壳本身的缺陷（如鼓包、凹陷）及缝隙转化成管壳的缺陷用如下公式描述：

$$w_q = \frac{w_c}{4}\left[1 + \cos\frac{2\pi(\alpha - \alpha_c)}{\alpha_0}\left(1 + \cos\frac{2\pi(\beta - \beta_c)}{\beta_0}\right)\right] \tag{2.12}$$

式中 α、β——薄壳的两个坐标量，若用极坐标表示，α 可表示成轴向对应的角度坐标，β 表示母线方向的坐标；

α_0、β_0——缺陷在两个方向的幅度范围；

α_c、β_c——缺陷的中心位置。

对应的缺陷幅值为 w_c，鼓包时 w_c 取负值，凹陷时取正值。当模拟缝隙时 w_c 代表 Δ，其实不同的缺陷都可以用如此方法模拟出来。这里仅以管壳鼓包为例，如图 2.1 为缺陷示意图。

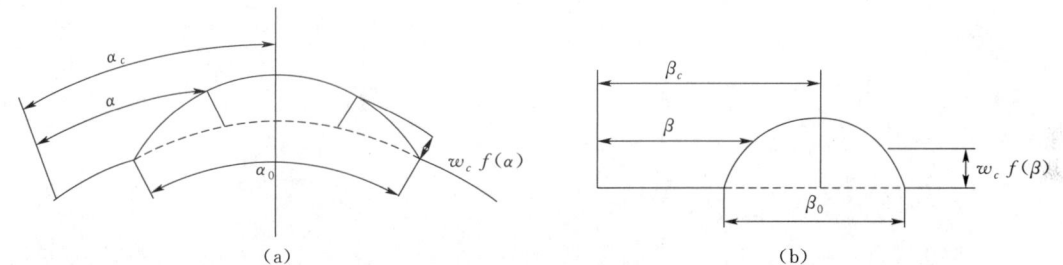

图 2.1 初始几何缺陷示意图

在数学模型上，新模型考虑到管壳的几何非线性，这是近代稳定性理论的成果，应予以继承，这对大型薄壳结构也比较符合实际。

总之，新模型考虑了薄管壳的几何非线性，考虑了初始几何缺陷，将肋与壳看成组合体协同工作，依据实际工作结构及试验结果认定肋只在其自身轴线的平面内变形。

至于无加肋的压力管道稳定性计算模型与计算方法只需将肋去掉即可，新模型、新方法可将两种管道的稳定性分析统一于一体，无论是露天管道或是埋藏式管道。

2.4 本书物理模型、数学模型和计算方法的特点及创新

本书物理模型将加劲壳看成肋壳组合体，肋看成是厚曲梁，且仅在其轴线所在平面内变形，符合工程实际，与实验结果相吻合。与原来几个解析法模型相比更加完整地反映了实际工程结构的变形与受力特点。在模型中考虑了缺陷因素，且将缝隙缺陷反映在模型中，将缝隙 Δ 量值转化成初始位移符合管壳结构失稳机理。其实，Amstutz 也认为在缝隙处往往先发生鼓包或凹陷，然后在不断增加的荷载下出现多半波的屈曲失稳，那么将缝隙 Δ 看成初始位移是非常恰当的，只是 Amstutz 将 Δ 换成了壳内的应力，本书将 Δ 换算成了初始位移，直接叠加到位移函数的表达式求解将更加方便。

在数学模型上，本书继承了现代薄壳非线性稳定分析的优点，考虑了几何非线性，同时将初始几何缺陷的影响因素也叠加计入，使得反应薄壳失稳的 2 种重要因素都包含在内。

在数值计算方法上，本书拟采用无单元法计算。这是一个新的计算方法，主要目的是

对复杂的组合壳体。排除有限元法对壳体计算的各种困难，如几何描述及位移模式的建立及协调性要求，尽管计算工作者做出了这样或那样的单元（如平板单元、壳单元等），有限元对壳体的计算仍是非常复杂的，况且有限元求解壳稳定性收敛性差。若用厚壳退化成薄壳的单元形式则会出现薄膜及剪切闭锁，对厚曲梁也是如此。而无单元法结构位移函数没有单元的束缚，位移模式阶次高、完备性好，不必考虑协调性要求，收敛性好，精度也高。

因此，本书在继承前人成果的基础上，在掌握工程事故及珍贵试验资料的基础上，建立了更加科学合理的计算模型，使用性能优越的无单元技术（包括无单元法的深入研究），为本书的研究打下了坚实的基础。这对薄壳结构稳定性理论的研究及应用都具有重大的意义。

第3章 无单元 Galerkin 技术的更新及实施技术

3.1 无单元的产生及其基本形式的分类

无单元法是一种新兴的数值计算方法,它的产生同其他数值计算方法一样,是计算科学发展的内在规律,也是工程实践的迫切需要。计算科学产生了解析法、半解析法、数值方法几种类型,每种类型也大都是在对它前面的计算方法进行批判与继承的基础上产生。早期的解微分方程的解析法对许多简单结构进行了精确有效的分析;半解析类的方法继承解析法具有"解析表达"的优点,也解决了许多解析法无法解决的问题。然而随着科学技术的发展,又使人们创造了更加复杂的工程结构,旧的计算方法又受到局限,于是人们又不得不创造出新的数值方法。有限差分法是典型的纯数值方法,全域的连续形式的微分方程化成以离散点上的以场量为未知量的代数方程求解,这倒是彻底丢掉了解析的内涵,也解决了一些解析法、半解析法难以胜任的工程问题,但它也不可避免地存在着精度问题。

有限元方法是20世纪五六十年代数值计算科学突破性的成果,它能把全域进行离散,在局部域上拟合分析,然后汇集成整体分析的理念,将数值计算方法推进了到鼎盛时代,并成功地应用于诸多科技领域。它的特点是既将区域离散实现数值计算的功能,又在局部单元上继承解析的表达特征,是纯数值方法与解析方法的巧妙结合。这种解析与离散的特色,使它的计算既有一定精度,又有适合复杂结构计算的灵活性。可以说,数值计算的20世纪是有限元法的时代。随着计算科学及软件技术的发展,有限元法开辟了数值计算的新纪元,以至于数值模拟也不仅仅是力学学科的辅助分支,而是成为工程、科学领域的重要组成部分,并深深地影响了工程、物理学科的许多领域,有力地促进了诸多工程、物理学科的发展与进步。然而,任何方法都不是万能的,也不是完善无瑕的。尽管有限元法从理论基础到误差估计都十分成熟,但其内在固有的局限使它在许多特殊的领域几乎寸步难行。有限元法由于"单元化"技术解决了许多问题,同时也由于"单元"的存在限制了自己的功用,例如在断裂、冲击、侵彻、轧制成型等具有高梯度场的物理问题方面,使有限元法遇到重重困难。这主要是在这些高梯度场的区域,有限元法"单元"描述的要求:应使单元足够小、场量拟合表达式因次足够高,同时单元还不能有太大的畸变或断裂,而这类物理问题恰恰无法满足有限元法的上述要求。有限元法因此而失去效力。比如动态裂纹扩展问题,有限元法依赖于单元才能工作,而裂纹扩展过程中,原来的单元状况时时被打破,必须重新再剖分,每一步都要如此,且不说计算过程的异常复杂性及精度的退化,仅仅是网格的再剖分过程就难以处理。还有其他众多问题,也因单元限制而使传统方法失效,如:高度大变形问题;内、外边界奇异问题;非连续变形问题;相变问题;高速冲击等引起的畸变问题；高振荡问题及陡梯度场问题；工业成形及浇铸问题；爆炸问题；侵彻问题；自适应计算问题，等等。有限元处理这些问题失效的原因大多是由于单元畸变严重、单元再剖分繁重、精度无法保证等。在这种场景下一种能够满足这类物理问题的计算方法急需研制出来，于是无单元法便应运而生。新兴的无单元法只需给出结点而无需给出单元。它能巧妙解决这些问题，并能统一处理连续与不连续介质问题。近二十年来，其成果不断涌现，显示了极其旺盛的生命力，具有极为诱人的应用前景。

　　需要指出的是，虽然无单元法可以完成有限元法所能完成的任务，但无单元法不一定完全取代有限元法。目前，无单元法仍是有限元法的发展与补充，多种计算方法相互影响、相互依存、相互弥补，是非常自然合理的现象。但有目共睹的事实是无单元法在近20年左右取得了长足的进步，并逐渐被广大科技工作者了解和接受，它自身的理论体系逐渐形成。它的生命力关键在于自身的本质内涵，即它不需单元只需节点的离散方式，还在于它继承了解析、半解析法的解析拟合性；也不需要单元之间协调，可以构造高阶函数的完备性（或者说精确性）；还有它借局部紧支集进行有限覆盖全域，正如有限元在局部单元分析，然后汇集成整体的"化繁就简"技术（因为局部区域的拟合分析总要比在整体上分析简化的多，后面要介绍的移动最小二乘技术和传统最小二乘技术相比就体现了这一点）。无单元法以它特有的优势逐渐被人们认知并受到越来越多人的青睐，短短20年左右时间，利用无单元法的上述特性，拟合了几十种称谓不同的无单元法，并迅速应用到天体物理、断裂力学、电磁场、机械成型、爆炸冲击、流体计算等诸多学科领域，大有有限元法当年盛行之气势。

　　从 1977 年到现在的 40 多年间，无网格方法已经出现了 10 种形式，但真正形成规模也只是近十年的事情，现将这些方法再作考核与分类以更深刻地理解和改进、发展无单元技术，使它更加完善而有效。到目前为止，已经出现的各种无单元方法名字大致有：光滑质点流体动力学法（Smoothed particle hydrodynamics，SPH）、多象限法（Multiquadrics method，MQM）、弥散单元法（Diffuse element method，DEM）、小波伽辽金法（Wavelet-Galerkin method，EFGM）、再生积分核质点法（Reproducing kernel particle method，RKPM）、移动最小二乘积分核方法（Moving least square resproducing kernel method，MLSRKM）、HP 云团法（HP-clouds metheod，HPCM）、HP 无网格云团方法（HP Meshless clouds method，HPMCM）、单位分解法（Partition of unity method，PUM）、有限点法（Finite point method，FPM）、无单元流形方法（Manifold method，MM）、自然单元法（Natural element method，NEM）等。这些方法有个共同的特点，即：摆脱单元的束缚，采用节点信息及其局部支撑域上的权函数实行局部精确逼近，然后通过配点方式（Collocation method）或伽辽金方式（Galerkin method）对场量进行求解。因此，按建立方程的方式不同可分为"配点类"及"伽辽金过程类"。配点类属纯无单元方法，它的工作过程始终没有单元或网格（Cell）出现，如 SPH、HPMC、FPM 等；而伽辽金类是通过变分形式建立方程，如 DEM、EFGM、MQM、WGM、RKPM、MLSRKM、HPC、NEM、PUM 等，这类方法需要有背景网格（Background cell）用以积分，但不必担心的是：这种网格与用以建立形函数的节点是不相干的，对节点不产生制约，故不影响无单元法的特性。

上述分法似乎比较肤浅，而按逼近形函数的方式不同进行分类更科学些。因无单元法主要靠形函数逼近来实现，形函数揭示了各种方法的逼近本质，按形函数逼近方式不同可以分为3类：积分核近似估计类；移动最小二乘逼近类；单位分解类。这种分类方法不仅清楚地区分了上述方法的逼近属性，而且找到了它们之间的内在联系。比如，最小二乘逼近（MLS）可以组成单位分解函数；MLS的权函数与积分核函数可以一致起来。这样的内在联系将会使各种方法相互结合，形成广阔的发展空间。

3.2 各种无单元方法的基本原理、特点及其评价

3.2.1 积分核近似类方法

1. SPH 法

SPH 是最早的无单元方法，它于1977年由 L. B. Lucy 及 J. J. Monghan 等提出，起初是用于诸如星体裂解、星体碰撞、流体三维流动等天体物理计算，现将其基本原理叙述如下：

作为场量 $U(x)$ 的近似：

$$\overline{U}(x) = \int_\Omega w(x-y,h) u(y) \mathrm{d}\Omega_y \tag{3.1}$$

式中　　　　x——在二维、三维（2D、3D）中视作向量；

$w(x-y, h)$——权函数或积分核；

y——独立积分变量；

h——局部支撑区尺寸。

$w(x-y, h)$ 满足如下条件：

(1) 在子域 Ω_i 内，$w(x-y, h) \geq 0$，$\Omega_i \subset \Omega$。

(2) $w(x-y, h) = 0$，当在 Ω_i 之外。

(3) $\int_\Omega w(x-y, h) \mathrm{d}\Omega = 1$，即归一性。

(4) $w(s, h)$ 单调减小，$s = \|x-y\|$。

(5) $w(s, h) \to \delta(s)$，当 $h \to 0$，$\delta(s)$ 是 Dirac delta 函数。

其中条件（2）是紧支撑性条件，是 SPH 关键条件，它决定 SPH 的局部特性及方程的繁简程度，权函数的选择常见的有指数型、四次样条等，计算时用 SPH 离散形式：

$$\overline{U}(X) = \sum_i W(x-x_i) U_i \Delta V_i \tag{3.2}$$

式中　V_i——从属于结点 X_i 的区域，由于 $U(X_i) \neq \overline{U}(X_i)$，故 $\overline{U}(X)$ 不是过点插值。

到20世纪80年代，Monghan 等将其发展用以模拟流场中的激波强间断现象。90年代，美国学者 Belytschko、Libersky、Johnson 用它分析子弹穿击与爆炸等；1995年美国新墨西哥 Sandia 国家实验室的 Swegle 等对 SPH 的稳定性进行了分析与总结；1996年 Johnson 等让 SPH 与 FEM 结合，在高应变状态，FEM 将数据传给 SPH，收敛性较好。SPH 的理论相对成熟一些，解决了许多有限元难以解决的问题，但它的最大弱点是精度

不太好,一个需要指出的问题是:在边界上,SPH 协调性较差,但却仍有较好的收敛性,这可能与有限元非协调元的收敛性存在类似之处,看来协调性并不是 SPH 收敛的必要条件,而是充分条件。

2. RKPM 方法

RKPM 方法于 1995 年由美籍华人 Wing Kam Liu 在观察到 SPH 在边界上的不完备而提出的,它与后面将叙述的 EFGM 方法一样,是目前比较理想的无单元法之一。Wing Kam Liu 利用积分再生思想,利用小波分析手段,提出了多尺度再生积分核质点方法,成功地研究了固体、流体、热对流及扩散问题,它的数学表达式如下:

(1) RKPM 积分形式。

$$\overline{U}(x) = \int_{\Omega_y} C(x, x-y)\phi_a(x-y)u(y)\mathrm{d}\Omega_y \tag{3.3}$$

$$\phi_a(x-y) = \frac{1}{a}\phi\left(\frac{x-y}{a}\right)$$

式中　　y——积分变量;

a——积分核 $\phi_a(x-y)$ 缩放系数;

$C(x, x-y)$——修正函数。

W. K. Liu 建议 $C(x, x-y)$ 采用多项式基,若用线性组合表示则为

$$C(x, x-y) = \sum_{i=0}^{M} b_i(x)(x-y)^i = [H(x-y)]^T b(x) \tag{3.4}$$

其中 $[H(x-y)]^T = [1, (x-y), (x-y)^2, \cdots, (x-y)^M]$; $b^T(x) = [b_0(x), b_1(x), \cdots, b_M(x)]$

(2) RKPM 的离散形式。

$$U(x) = \sum_{i=1}^{N} U(x_i) C(x, x-x_i) \phi_a(x-x_i) \Delta x_i \tag{3.5}$$

从以上可以看出,RKPM 的最大特点是:相对于 SPH,它引进了修正函数 $C(x, x-y)$,以加强再生性,产生高精度的逼近函数,故有"再生积分"之称,它实质上提供了无单元的一般形式,当选择特殊的 RKPM 离散形式时,EFGM 和 SPH 可被推导出来,1995 年 Wing Kam Liu 将小波分析的尺度函数引入 RKPM 中作为积分核,进行了自适应分析研究。1997 年 Wing Kam Liu 又将移动最小二乘思想引入积分核,提出 MLSHKM:

$$\overline{U}(x) = \int_{\Omega_y} L(a, x-y, x) u(y) \phi_a(x-y) \mathrm{d}\Omega_y \tag{3.6}$$

其中:$L(a, x-y, x) = p(0) m^{-1}(x) p^t\left(\frac{x-y}{a}\right)$,这相当于修正函数 $C(x, x-y)$。无论 RKPM 或 MLSRKM 都可将其拟合表达式简记为

$$\overline{U}(x) = \int_{\Omega_y} K(x, x-y) u(y) \mathrm{d}\Omega_y \tag{3.7}$$

以更直观体现"再生积分核"的思想,当然,它们都可以在多维空间中运用。

MLSRKM 是将最小二乘、再生积分近似及单位分解的思想融为一体,可以在任意不规则的离散点上精确产生任何 m 阶的多项式;它不仅可以解决线性问题,而且可以解决

非线性问题。T.Belytschko 认为，它比 FEM 优越，且是目前最精确的模拟公式。

3.2.2 移动最小二乘逼近方法（MLSM）

研究无单元法不得不谈移动最小二乘逼近方法。作为最小二乘逼近方法的扩展，P.Lancaster 于 1981 年开创性提出 MLS 逼近，它是目前比较理想的数值逼近技术，被 DEM、EFGM、RKPM、MQM、FPM、HPCM、HPMCM、PUM 等方法所应用，显示出强大的生命力。MLS 方法分为过点拟合与不过点拟合两种，过点拟合对本质（Essential）边界条件处理很方便，现将其分述于下。

3.2.2.1 不过点拟合

对场量函数 $U(x)$ 取：

$$\bar{U}(x) = \sum_{i=1}^{m} b_i(x) a_i(x) = b^T(x) a(x) \tag{3.8}$$

式中 m——基函数 $b_i(x)$ 的项数；

$a_i(x)$——系数。

$b_i(x)$ 有如下性质：

(1) $b_1(x) = 1$。

(2) $b_i(x) \in C^l(\Omega)$，$i = 1, 2, \cdots, m$。

(3) $\{b_i(x)\}_{i=1}^{m}$ 线性无关。

常见的基函数为多项式，如一次、二次、三次的完备多项式（有 1D、2D），见文献[68]。

为了确定系数 $a_i(x)$，利用最小二乘法思想构造：

$$J = \sum_{i=1}^{N} W(x - x_i) \left[\sum_{j=1}^{m} a_j(x) b_j(x_i) - U_i \right]^2 \tag{3.9}$$

N 为结点数，$W(x - x_1)$ 具有紧支撑性，其矩阵形式表示为

$$B = \begin{bmatrix} b_1(x_1) \cdots b_m(x_1) \\ b_1(x_2) \cdots b_m(x_2) \\ \vdots \\ b_1(x_N) \cdots b_m(x_N) \end{bmatrix}_{Nm} \tag{3.10}$$

$$W(x) = diag[w(x-x_1), w(x-x_2), \cdots, w(x-x_N)]_{NN}$$

由 $\dfrac{dJ}{da} = 0$ 可导出

$$\bar{U}(x) = \sum_{i=1}^{N} \phi_i^K(x) U_i \tag{3.11}$$

令 $\phi^K(x) = [\varphi_1^K(x) \varphi_2^K(x) \cdots \varphi_m^K(x)] = b^T A^{-1}(x) D(x)$，$k$ 为多项式最高阶次。

其中：$A = BWB^T$，$D = BW$

$$\bar{U}(x) = \phi^K(x) U(x_i) = [b^T A^{-1}(x) D(x)] U(x_i) \tag{3.12}$$

显然：$U(x_i) \neq \bar{U}(x_i)$，即不过点拟合，这将给边界处理带来麻烦，当 $K = 0$ 时，可得：

$$\phi_i^0(x) = \frac{W_i(x)}{\sum_{j=1}^{N} W_j(x)} \tag{3.13}$$

其中 $W_i(x) = W(x - x_i)$。

从以上可以看出，此过程工作量很大，因为若 $W(x - x_i)$ 不是常数，则对每一个 x_i，必须求一次 $a(x_i)$。

3.2.2.2 $K=0$ 过点拟合

这种形式简单且重要，故予以讨论。

取 $\phi_i^0(x)$ 且具有如下性质：

(1) $\phi_i^0(x_j) = \delta_{ij}$，$i, j = 1, 2, \cdots, n$。

(2) $0 \leqslant \phi_i^0(x) \leqslant 1$，$\forall x$，且仅当 $x = x_j$，$i \neq j$，$\phi_i^0(x) = 0$。

(3) $\sum_{i=1}^{n} \phi_i^0(x) = 1$，$\forall x$。

(4) $\mathrm{grad}\phi_i^0(x_j) = 0$，$i, j = 1, 2, \cdots, n$。

该拟合有平坦现象，但 $K > 0$ 时消失。

3.2.2.3 $K>0$ 过点拟合

$K > 0$，$W_i(\overline{x})$ 的奇异引起 $B^T W(x)$ 和 $B^T W(x)$，当 $\overline{x} \to x$ 时出现无穷大，因此必须处理以消除奇异性，这是通过 Schmit 正交化实现的：

取：

$$q_1(x - \overline{x}) = \frac{1}{\sum_{J=1}^{N} W_J(\overline{x})}, q_i(x, \overline{x}) = b_i(x) - \sum_{J=1}^{N} \phi_J^0(\overline{x}) b_i(x_J)$$

$$= h(x_k) \phi^K \sum_{\substack{J=1 \\ J \neq K}}^{N} W_J(\overline{x}) [b_i(x_k) - b_i(x_J)] \tag{3.14}$$

即奇异性消失。

MLS 法的确是一个优秀的数值拟合技术，但它有自己的局限性，主要有两点：①对每一个 x 需要求解 $\{a_i(x)\}_{i=1}^{m}$，工作量很大；②由于构建的场函数没有过点拟合插值性，$U_i^h(x_i) \neq U_i$ 即 $\phi_i(x_j) \neq \delta_{ij}$，给本质边界条件处理带来很大困难。

下一章将对这两个关键问题进行研究。一方面，要分析 MLS 构建的本质属性，继承 MLS 构建场量函数阶次高、精度好的优点，同时要避开运算量大的缺点，而且要使场函数具有插值性，本质边界处理直接像有限元方法一样简便、准确。可以说，这两个问题是无单元法面临的两个障碍，几乎成了无单元法前进的"瓶颈"。

3.2.2.4 MLS 与多种无单元法的结合

1992 年 Nayroles 等提出了 DEM 方法，用最小二乘的思想提供了 C^1 阶连续的近似解，分析了 possion 方程和弹性问题，但他在形函数导数表达式中省略了两项。1994 年 Belytgchko 考虑了这两项，提出了无单元伽辽金法（EFGM）这个名字，但这时由于采用了不过点拟合，边界条件处理利用了拉格朗日乘子这个办法，效果并不十分好。之后

Y.Y.Lu 用修正变分原理,即用有物理意义的量代替拉氏乘子,保证方程具有带宽对称性,但物理量不易确定。

1997 年 Kaljevic 采用奇异权函数得到过点拟合,这便于处理本质边界条件。对于权函数,Belytschko 采用指数权函数。之后,他们对裂纹扩展问题进行了研究取得了显著的成就,并得到工程界认可,并为无单元法计算程序商业化作出了贡献。1998 年 Modaressi 用 FEM 与 EFGM 结合研究了疏松介质,开创了多项研究,同年 Bouillard 等对 helmholtz 问题进行了数学分析,认为 EFGM 前景广阔。1999 年 Krysl 等用 EFGM 和 FEM 对三维裂纹进行了研究,具有开创性意义。在我国清华大学周维坦教授将 EFGM 和数值流形 (NMM) 结合进行了断裂力学分析,EFGM 的优点是精度好,比 FEM 收敛快,无体积自锁现象,对陡梯度场能较好地解决,对断裂问题很有效,边界处理很成功,CAD 技术易实现;缺点是计算工作量大。

1996 年 Texas 大学 J.T.Oden 教授和他的学生提出了 HP-couds 方法(HPC),该方法也是基于最小二乘思想,通过 Galerkin 变分建立方程,这种方法特别适用自适应分析,J.T.Oden 对它进行了严格的数学论证,边界处理利用拉氏乘子处理。1997 年 J.T.Oden 将解析信息引入断裂问题的形函数,用增强形式研究奇异问题,有效地解决了应力强度因子,1998 年他又将 HPC 与 FEM 结合利用单位分解函数在严重畸变情况下解决了本质边界条件,得到了"鲁棒性"(Robust)很好的效果,由此使无单元法自适应分析达到了较好的成效。

至于其他方法诸如 FPM、HPMC 方法,这类配点型方法也可以与 MLS 结合。如 1995 年 E.Onate 用 MLS 拟合的 FPM 求扩散和流体流动问题,1996 年 T.T.Liszka 用 MLS 拟合的 HPCM 研究边界值问题,也取得了很好的效果。

3.2.3 单位分解函数类(PUM)

单位分解函数是一个新近提出的概念,美国 Texas 大学的 Babuska 对它进行了严谨的数学分析。它的特点是在任意点上,逼近函数的理解是:逼近函数由其他相关点的影响量加权而成,这些权函数之和等于 1,由此决定的解不仅能保证函数连续,还能使其导数也连续,协调性自然满足。

它的基本原理是基于以下数学概念:

定义一:设 $\Omega \subset R^n$ 是开集,$\{\Omega_i\}$ 是 Ω 的开覆盖,$\exists M \in N$,$\forall_x \in \Omega$,基数 $\{i \mid x \in \Omega_i\} \leqslant M$;令 $\{\phi_i\}$ 是从属于 $\{\Omega_i\}$ 的 Lipschitz 单位分解函数,且满足 $\text{Supp}\phi_i \subset \text{close}(\Omega_i)$,$\sum \phi_i = 1$ 在 Ω 上,且 $\|\phi_i\|_{L^\infty(R^n)} \leqslant C_\infty$,$\|\Delta \phi_i\|_{L^\infty(R^n)} \leqslant \dfrac{C_G}{\text{diam}\Omega_i}$。

这里 C_∞、C_G 是常数,则称 $\{\phi_i\}$ 是从属于 $\{\Omega_i\}$ 的 (M, C_∞, C_G) 单位分解函数。若 $\{\phi_i\} \subset C^m(R^n)$,称 $\{\phi_i\}$ 具有 m 阶。

定义二:设 $\{\Omega_i\}$ 是 $\Omega \subset R^n$ 的一个开覆盖,且 $\{\phi_i\}$ 是一个 (M, C_∞, C_G) 单位分解函数,让 $\overline{V_i} \subset H^1(\Omega_1 \cap \Omega)$ 且被给定,那么

$$V = \sum_i \phi_i \overline{V_i} = \left\{ \sum_i \phi_i V_i \mid v_i \in V_i \subset H^1(\Omega) \right\} \tag{3.15}$$

叫单位分解空间。

J.M.Melenk 给出了基于上述定义的误差限,并进行了 H 型、P 型的误差估计,使得

理论上严谨可靠。

单位分解的概念，关键是 $\{\phi_i\}$ 的给出，J. L. Babuska 曾用有限元函数作为单位分解函数，故有"单位分解有限元之称"。J. T. Oden 用最小二乘构造 Shepard 型函数作为单位分解函数，并命名为 HP-clouds（HPC），进行了自适应分析及边界条件处理，收效较好。1998 年 Babuska 对弹性支承的铁木辛柯梁进行了分析，认为 PUM 可以消除闭锁现象，无论深、浅梁，剪应力都有较好的收敛性。无网格方法的 PUM，可用配点型或伽辽金型建立控制方程。

单位分解法的意义远非这些，重要的是在严谨的数学背景下，它能将有限元及各种无单元法在流形意义下统一起来。

3.3 各种无网格方法的成果归纳及展望

各种无网格方法在无网格的框架下，以各自不同的特点，解决了许多有限元失效的课题，这些成果的地位是显著的。现将其大致归纳于下：

（1）解决几何畸变问题，对于诸如侵彻、穿透、高度大变形等问题，传统的网格法已经失效。无网格法却能起死回生，摆脱网格的束缚，成效显著。

（2）界面不连续位移和动态裂纹扩展问题。界面不连续位移的发生或裂纹的不断扩展，导致结构体边界发生动态变化，有限元法要求在每步计算中都要进行网格的再精确剖分，重复而繁重，精度退化，无网格法却用很少的工作对之进行处理。

（3）各种奇异问题。对奇异问题，如角点、边界奇异、多相分界面奇异等，有限元曾用多种方法试图解决之，但收效甚微。而无网格法用增强型解析函数，引入奇异项，可方便地予以处理。

（4）对工业成型、浇铸等材料流变问题，对"闭锁"（Locking）现象、陡梯度场、高振荡等问题都有独特效果。

（5）可方便地进行自适应分析；可利用解析解成果形成半解析法。

（6）可以方便地与有限元（FEM）等方法相互耦合，发挥 FE 计算量小的优势，在边界上用 FE 技术可以方便地处理边界问题。

很显然，无网格方法最大的缺点是计算工作量大，这大概是目前较棘手的问题，但随着计算机硬件技术日新月异的发展，这不再是 Meshless 方法的障碍。另外，边界条件的处理方面也有待于进一步开展研究工作，尽管用拉氏乘子及 FE 技术已有所作为，但总不太令人满意。无论如何，无网格法的产生有它内在与外在的必然性，它是现代数值计算方法的有益补充，并成为不可缺少的组成部分，它的无网格性在众多领域显示了独特的魅力，并将会进一步发扬光大。同时新的无网格法也在不断产生，比如 1999 年新提出的自然单元法（Natural element method）就是一例，它是美国学者 N. Sukumar 等用"自然邻居插值"、再用伽辽金方法建立方程，对于固体力学类包括分片测试、梯度问题、多层材料界面问题、裂纹问题都可处理，且显示了优秀的"鲁棒性"（Robust），获得了精确的结果。但毋庸置疑的是，无单元法毕竟还是一个新兴的数值计算方法，尽管它已有的成果基本形成体系，数学基础较牢固，但对一些问题的处理尚不成熟，如边界条件处理；涉及的问题仍受局限,许多领域有待开发:如岩土问题、施工力学问题、接触问题、场耦合问题、各种板壳的稳定问题等。这种局限性,有的是属于问题本身的介质无法描述清楚,但大多局限性仍在于无网格法的计算量问题,若能将这个问题彻底解决,无网格法的前景将是不可估量的。

这里需要强调提出的是,90 年代初期美籍华人石根华先生提出的"数值流形方法"(NMM)。这是一个具有较深数学背景的数值模拟方法,它从微分流形、拓扑流形的概念,对数值方法进行了高层次的理论统一,它的基本思想是对物理问题用数学覆盖及物理覆盖来描述,数学覆盖函数具有单位分解性,它摆脱了单元的概念,可以将连续变形分析及非连续变形分析(DDA)放在同一框架内研究。传统的有限元法成了它的特例。有的无网格方法也理所当然地归其麾下。很显然,单位分解概念尤其显得重要。但因该方法尚在发展中,因此 DDA 问题仅在 2-D 问题上获得解决,三维问题尚无建树,一旦三维问题获得解决,前景十分广阔。同时有理由相信,无网格方法将日益受到重视,因为无网格方法在非连续变形、奇异性处理、几何畸变等方面,有其他方法不具备的优点,这恰恰又是流形方法的重要组成部分。

因此,如果说无网格法以前在天体计算、物理计算、固体及流体力学、工业成型及铸造分析、复合材料及爆炸力学分析等许多领域做出了突出贡献,那么在将来的数值分析应用领域,也会开创更加广阔的空间。

其实,无单元法是一个总称,是多种数值拟合技术(即场函数结构技术)与多种数学物理原理相结合的产物,就像加权残值法包括诸多形式一样。

在诸多无单元方法中,无单元伽辽金法是比较成熟的方法,一方面它以最小移动二乘技术拟合场量函数,以伽辽金变分原理(或加权残值范畴)为数学基础,具有可靠的理论基础,虽然它不如配点型无单元法(如 HP 云团方法、有限点法等)完全摆脱了网格,但所用的网格只作背景积分用,并不太多地参与运算,尤其与拟合场函数无关,所以没有太多的求解困难。同时,以加权残值的角度去理解,配域法(伽辽金法)比配点法(HP 云团有限点法等)更加精确,所以本书拟以伽辽金形式的变分学背景推导控制方程,即采用无单元伽辽金法进行有压力管道稳定性分析。

所以本章将对无单元伽辽金法予以简述,以便为改进的无单元伽辽金法打下基础。

3.4 无单元伽辽金法及其关键技术

3.4.1 EFG 场函数的实现及其局限性

无单元伽辽金法场函数构造是由移动最小二乘(MLS)技术实现,MLS 法已在本章 3.1 节叙述,这里再将 MLS 的关键技术内涵作以剖析,以便在后续的章节中予以改进和发展。

MLS 法拟合的本质在于:①它首先在只有离散节点分布的全域内利用权函数 $w(x)$ 的紧支性,形成一个局部的影响域,在这局部影响域内能够包含的所有节点上再进行最小二乘拟合,这是它的局部拟合性;②由于权函数 $w(x)$ 及拟合函数系数 $a_i(x)$ 对域内点 x 的任意性,实现以局部域到全域的场函数构建,这是它的"移动"性,以泛函的理论讲，对域内任一点，可由各个节点的影响域形成的紧支集完成全域的有限覆盖。局部到整体的场函数，就通过有限覆盖来实现。很显然，MLS 技术的关键是具有紧支集的权函数。它同 SPH 方法的权函数一样，具备同样的性质。它的功能具有以下两点：

(1) 它实现"化繁就简"功能，即将全域逼近由局部域逼近来完成。这一功能使拟合更加自由、灵活，大大降低了拟合工作量。过去我们总是靠全域的一次性逼近来实现场函数的构建，好像一次涵盖了所有的节点信息，但实际上使假定的逼近函数更加难以实现，尤其是对具有局部高梯度场的区域场量拟合，太多的节点约束反而使构造更加困难，同时缺乏灵活性。有限元是局部逼近技术的最好典范，权函数 $w(x)$ 使无单元法继承了有限元法的这一优点。

(2) 权函数 $w(x)$ 的另一功能是使场量逼近的精度更高，也就是逼近的阶次更高，因次项更完备。因为它仅用有限的点来完成即可，即使较高的阶次也容易实现，而不像有限元方法那样，还要受单元协调性的限制，使单元的形函数阶次受到制约。这对场量有急骤变化的区域，如裂纹尖端的场量、高速冲击区的场量等，MLS 的逼近显得特别优秀。

但 MLS 逼近也有它的局限性：虽然也是局部逼近，但对每个 x 都求出 $\{a_i(x)\}_{i=1}^{m}$，仍是很繁重的工作。同时，因为形成的场函数没有过点拟合的特性，无插值性（Interplanting），即 $U(X_i) \neq U_i$，是一种逼近拟合（Approxiniation fit）。因此，对本质边界条件的处理（Essential boundary）非常困难，于是人们不得不借助于其他方法（见下节）并且以增大计算量或牺牲矩阵对称性为代价，但是降低了计算精度。因本质边界条件对场量影响较大，有文献采用奇异权函数来实现插值性，并且用正交化手段，使基函数正交化，以降低计算量、消去奇异，但正交化过程本身就是有庞大的工作量。

3.4.2 影响域大小的确定及权函数的选择

影响域大小的确定，是所有无单元法都必须考虑的问题，其实影响域的大小，取决于一点，就是要使得求解 $\{a_i(x)\}_{i=1}^{m}$ 的时候，$A^{-1}(x)$ 必须存在，可确定唯一的 $\{a_i(x)\}_{i=1}^{m}$。而达到这个目的，必须注意影响域所涉及到的节点排列位置及数目。排列位置要求所有的节点排列不使导数 $|A(x)|=0$，即 $A^{-1}(x)$ 存在，如二维的线性拟合至少需要 3 个点，三维的线性拟合至少 4 个点，二维的二次拟合至少需要 6 个点，三维的二次拟合至少需要 10 个点等。这与拟合的场函数的待定系数相对应，当然可以更多的点。至于节点的布置方式也有要求，其准则也是不能使 $|A(x)|=0$，比如二维线性拟合的 3 个点，不能在一条直线上，三维的线性拟合的 4 个点不能在一个平面内。总结地说，是 n 维的线性拟合至少有 $n+1$ 个点，这 $n+1$ 个点布局组成一个 n 维的简单几何单元，不能退化成 $n-1$ 维的几何图形，就是说二维线性拟合 3 个点应能组成一个三角形，三维的线性拟合 4 个点应能组成一个四面体。上述叙述的数目是需要的最少数目，实际上较多，每个影响域内包含的数目也不等，至于多少为宜，需有一个度，一般用影响半径来控制即可。影响域内节点太多，系数矩阵带宽太宽，计算量大；太少，容易出现奇异阵，不能求解或损失精度。许多文献研究了这个问题，有的用单位面积内的节点密度来计算需要影响域的大小，但笔者认为这对比较均匀场的节点尚可，对不均匀场的节点这种规律失去意义，实际上无单元法研究较多的是这种不均匀场的不均匀节点，如断裂冲击、浸彻问题。在高梯度场区域必须布置很密的节点，而在平坦规则的区域，则布置一定量

的点足矣。作者认为针对不同的布置点可以采用变尺度的办法，以形成 h 格外的自适应，或用多尺度技术，模拟场函数。

目前，文献[100]给出，影响域用一个支集圆来定义时，其影响域半径 $r_{mi}=\alpha h_{\max}$。α 取 1.2～1.5 之间，$h_{\max}$ 为域内节点与节点间距的最大尺寸。

3.4.3 非连续域的处理

非连续域的处理是大多无单元法共同面临的一个问题。这里的非连续域是指在影响域内，可能会出现裂纹的尖端一段，或出现凹域的一部分，比如凹的角或内域的孔形成的凹边界，或多相材料的交界面。这使得某点与某节点的计算，发生两点的直线连线穿过凹域的边界时，将使得这两个点之间的影响程度发生改变，当二者传递的路径发生绕道即沿折线走的时候，相对直线连线显然增大了传递的距离 r_i，而在影响域内，$w_i(r_i)$ 的控制范围大小与两点之间关联程度 r_i 有关。这个问题必须得到关注，因为，在这个区域是高梯度常常出现的区域，r_i 的大小对任意两点之间的影响都很敏感，所以本书对此作了重点研究。考虑到计算的可操作性及直观的物理本质，本书重新提出了计算此类区域影响范围的公式，即弦弧准则（String-arc regular）。

一般情况，将裂纹考虑为不受力的域边界，裂纹两侧位移场是不连续的。如何处理不连续域是无单元法计算的一个关键问题。在有限元中，处理这类不连续问题的方法很简单，直接在不连续处设置为单元边界，这样位移函数的插值、能量泛函的变分都限制在单元内，而无单元法则不同，其形函数的构造是基于求解域覆盖的节点，拟合形函数具有关联性，故对于裂纹等不连续面的模拟，需采取一些相应的处理技术。

目前处理不连续面对高斯点影响域的公式有：①可视性准则（Visibility criterion）；②衍射准则（Diffraction criterion）；③透明准则（Transparency criterion），它们各有优缺点，见文献[2]。

可视性准则简单明了，即两点间的连线若与不连续面相交，则此两点相互间的权函数影响为 0。例如我们定义一裂缝，取裂缝尖端附近点 I、J，如图 3.1 所示。

利用可视准则，在阴影部分的点不在点 I、J 影响域之内，因为在阴影部分中的点与点 I、J 连线通过了裂缝。

采用该准则的后果是在不连续面尖端附近引入了不真实的间断性。如图 3.1 所示，在不连续线 AB 的右边权函数都是非零的，而在其左边权函数都为零，出现了不连续性。

可视准则在处理非凸边界时也遇到困难。例如假定一不连续线为非凸状，正如显示在图 3.2 中。在凸线区域，即点 J 区域对于影响域是正如我们所希望的，但是在节点 I 区域，部分影响域边界为不连续光滑的区域，这将导致近似。

衍射准则是以不连续面尖端为转折点，类似光线绕过障碍物的衍射，将两点间的相互影响传递到不连续面的另一侧。定义光线长度为 s，具体表示在图 3.3 中，影响域半径为

$$s(x)=\left[\frac{s_1+s_2(x)}{s_0(x)}\right]^\lambda s_0(x), s_0(x)=\|x-x_I\|, s_1=\|x_c-x_I\|, s_2(x)=\|x-x_c\|$$

(3.16)

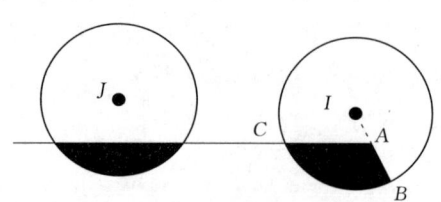
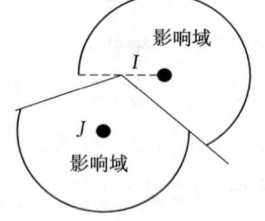

图 3.1 可视准则下的影响域　　　　图 3.2 可视准则处理非凸边界影响域的不连续性

图 3.1 中衍射准则 I 节点的权函数影响域如图 3.4 所示。

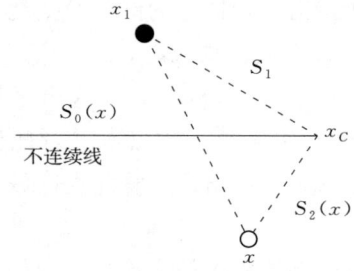
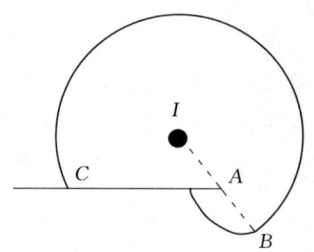

图 3.3 裂尖附近点的衍射准则　　　图 3.4 衍射准则 I 节点的权函数影响域

衍射准则也可以用于非凸边界和复杂情况的边界问题，具体实施见图 3.5。

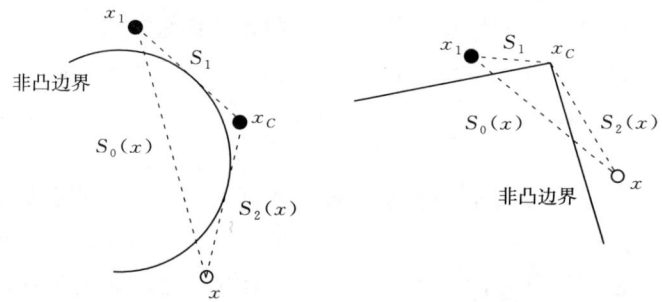

图 3.5 衍射准则处理不同的非凸边界

透明准则是在不连续面的尖端通过透射的概念将函数加以光滑。在裂尖，不连续线认为完全透明，当光线与不连续线交叉，从计算点 x 到达 x_I，距离为

$$S(x)=S_0(x)+S_{\max}\left[\frac{S_C(x)}{\overline{S}_C}\right]^\lambda \quad (\lambda \geqslant 2) \tag{3.17}$$

式中　$S_0(x)$——由图 3.6 定义；

　　　$S_{\max}$——节点影响半径；

　　　$S_C(x)$——从裂尖到交叉点的距离。

$\overline{S}_C$ 定义裂缝上不透明段的距离：

$$\overline{S}_C = \kappa h \tag{3.18}$$

式中　κ——用于改变透明性的参数；

h——节点间距离。

三准则优缺点如下：可视准则比较直观，计算简洁，但裂缝尖端影响范围不合理，连续面尖端附近引入了不真实的间断性，如图3.1情况 I 点的阴影区本应受影响，却被消去；衍射准则似乎更合理些，但在不连续线（面）尖端的场量高梯度变化区，使高斯积分区域变得复杂化，且弧状非凸域与 S_1 线、$S_2(x)$ 线的切点不易确定，点 x_c 位置不易求出，所以给计算造成不便；透明准则的有关透明参数 k 难以确定，这些参数导致复杂的形函数，加大积分难度。由此我们建议用下章的弦弧准则来计算，克服了以上困难。

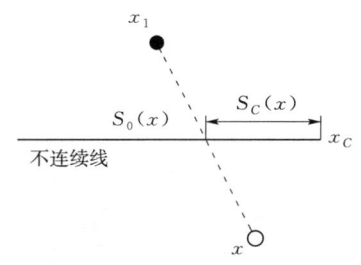

图3.6 透明准则支撑半径的确定

3.4.4 背景网格的处理

背景网格是无单元法中涉及区域分类的方法中都必须考虑的问题，至于配点类的无单元法，如有限点、HP方法类、SPH类（离散状况），都不需要积分，不涉及这方面内容。但作者建议用积分类更好些，因为从加权残值法的角度讲，无单元法可以归在加权残值法名下。从此种意义上讲，配域法（积分类）总比配点法更能使残值为0的程度强一些，由此精度也高一点。所以在无单元法中，积分类更让人们感到可靠。那么积分时需要的背景网格就显得很重要。尤其是EFG方法，是人们认为比较成熟的方法，那么积分网格的出现就必须认真研究。其实背景网格的设置很简单，因为背景网格好像使无单元法没有彻底放弃网格，实质是不必介意的。因为背景网格与场函数拟合是无关的，它仅作积分时用，那么，它只是积分意义下精确即可。并不影响场函数的精确与否，而积分的精度，数学工作者已研究得非常完善，比如《计算方法》教材中的各种数学积分方法。在这些方法中作者建议采用高斯积分公式，因为高斯积分公式只需找出给定区域的高斯点坐标，然后在加权意义下可以达到相当好的精度，即达到 $2n-1$ 阶（n 为多项式阶数），那么这对高阶次的场函数进行高斯积分的确是个优越的方法。正因为如此，许多方法中作者都采用了高斯积分的方式，在本书的计算中也采用了这一方法。

3.4.5 EFG控制方程

在场函数构造的各个环节处理完毕，即可建立求解的控制方程。EFG的方法顾名思义要用Galerkin方法建立控制方程（求解的代数方程）。Galerkin法的基础是虚功原理，它本质上又属于变分法，是变分法用无穷维近似到有限个参变量的极值问题，但变分法又可归入到加权残值法，其权函数就是形函数的本身。不管Galerkin法属于哪类数学、物理原理，总之有一点，Galerkin法是一个数学、物理基础比较可靠的数学物理求解方法，所以值得人们信赖，至于它如何归类，并不影响计算方法的本质。这也是许多文献都采用了伽辽金法的原因，并且解决了许多物理问题。

EFG方法的步骤简述如下：

(1) 在待求解的区域内布置节点，并将求解域划分成许多积分子域 c_i。

(2) 在每个积分子域 c_i 内完成下列步骤：

1) 扫描高斯点，如果高斯点在求解域内则执行1)～4)，否则执行5)。

2）根据高斯点的影响半径找出在该高斯点影响域内的所有节点。

3）求解形函数 $\phi_i(X)$ 及其偏导数 $\phi_{i,j}(X)$。

4）计算高斯点影响域内的节点上，对应刚度矩阵 $[K]$ 和荷载力矩阵 $[F]$ 的贡献。

5）如果高斯点扫描完毕，则执行（3），否则继续执行（2）。

（3）如果已扫描所有的积分子域，则执行（4），否则继续执行（2）。

（4）求解控制方程 $[K]\{\delta\}=\{F\}$。

（5）计算应力和应变等场量。

根据上述无单元 Galerkin 法实现过程的思想编制了相应的程序，其计算方法流程如图 3.7 所示。

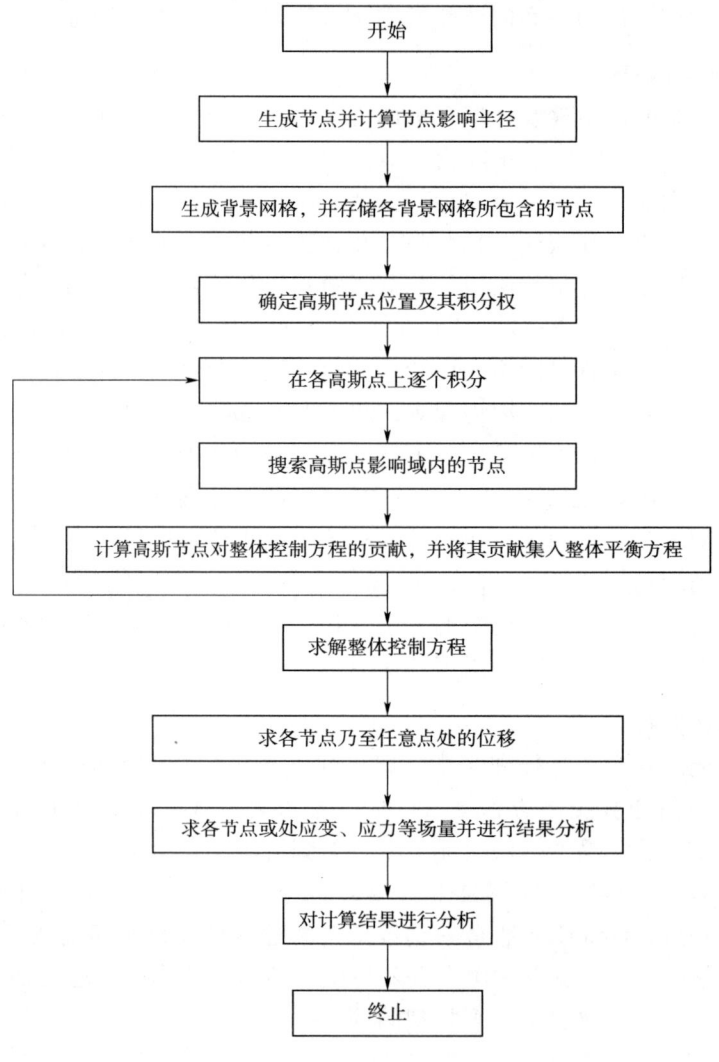

图 3.7 无单元 Galerkin 法计算方法流程

3.4.6 边界条件的处理

边界条件的处理，对物理问题非常重要，尤其是本质（强加）边界条件（Essential

boundary condition)，对解的影响非常大，处理的不完善将会引起较大误差。由于 MLS 方法构造的场函数没有过点插值性质，奇异性权函数虽然形成了插值性的场函数，但也非常烦琐，所以人们对这类条件的处理沿用了以前处理类似问题的办法，如 Lagrang 乘子法、修正的变分原理方法、罚因子法及与 FEM 匹配的无单元法等来处理边界条件，但这几种情况终究是近似的方法，求解有精度的损失，而且又增加了工作量。

Lagrange 乘子法是大家比较惯用的方法，也是变分原理条件极值问题中首先介绍的方法。引入乘子 $\lambda(x)$ 实际上是增加了变量的数目，另外关键的缺点是它使得求解方程的系数矩阵非对称化，增加了带宽，加大了计算工作量。而后人们又引入修正的变分原理的办法，实际上是将 λ 因子换成有实际物理意义的力，但这个力怎么选择成了一个问题，但这个方法使系数矩阵对称化，精度却受到损失。罚因子法是在附加本质边界条件的项乘以一个很大的数，如一个刚度很大的弹簧，来使本质边界条件满足。与有限元匹配来的方法是在边界上用有限元解，在区域上用无单元法，这样利用有限元的插值性来处理本质边界条件。似乎是很好的想法，但一个计算程序内出现 2 种算法的程序组合是麻烦的事，况且在无单元与有限元的交界面上出现了新的高阶场，使场函数受到干扰，出现新的误差因素。还有人用摄动的 Lagrange 法或使权函数在本质边界条件上为 0 方法等来强加本质边界条件，但总是存在着精度或不稳定的问题。

本书拟摆脱上述方法，因为这些方法毕竟是一种近似方法，而且可能出现工作量的大幅度增加，或求解不稳定，本书将边界问题作为一个主要问题来研究，因为无单元法目前的两个大问题分别是，计算量大和边界条件处理问题。所以边界问题是本书重点解决的问题之一。

3.5 MLS 方法的继承及新形函数构建方法

3.5.1 MLS 方法的局限性

上一章已经指出，MLS 及其他无单元法构建场函数的核心技巧在于 $w_i(x)$ 的设计技术，$w_i(x)$ 凝聚了无单元方法的精华，尤其是其绝妙的"局部性"及神秘的"移动性"技术，把无单元法的技巧表现得淋漓尽致。所以，这可以说是无单元法的精髓，必须毫不置疑地进行继承。按 MLS 方法求 $\{a_i(x)\}_{i=1}^m$ 的过程构造计算量少又具插值性的场函数，已经不可能，那么就必须设法避开求 $\{a_i(x)\}_{i=1}^m$ 直接建立场函数。新的方法应有构建高阶因次项、利用权函数实现局部逼近且实现插值的功能，这一系列要求在目前的无单元法场函数构建技术中是无法逾越的。

在 MLS 方法中，隐含着对 $\forall \bar{x} \in \bar{D}$，$a(\bar{x})$ 必须解出，且每次 $\bar{x}$ 都必须求逆，这样很烦琐，除非 $W(\bar{x})$ 是一个常数阵。又由 $\bar{x}$ 的任意性，$\bar{x}$ 可用 x 来代替，实现对每一个 $x \in \bar{D}$ 进行 Gf 逼近。这是加权移动最小二乘的"移动"技术。$W^{(i)}(\bar{x})$ 若对每一个节点都加权，则对每一 $a(\bar{x})$ 的确定，势必涉及到所有场量离散点的信息 $\{f(x_i)\}_{i=1}^N$，工作量非常庞大。文献 [3] 提出了 $W(\bar{x})$ 取具有局部紧支撑集的概念，求 $\{a_i\}_{i=1}^m$ 运算时只涉及 $W^{(i)}(x)$ 覆盖的点 $x_i(i=1, 2, \cdots, P$ 但 $P \geq m)$，形成"局部紧支性"。

当然，它的最大特点还在于它具有高阶的连续性，这是有限元形函数无法比拟的。

上述的"移动性""局部紧支性"是移动最小二乘方法的技术内涵,高阶连续性是它的突出优点,遗憾的是对 $\forall x \in \overline{D}$,由式(3.10)求出 a,代入式(3.8)得到全域或局域近似:

$$Gf(z) = Lf(z) = \{\Phi\}^T\{f\} = (\Phi_1, \Phi_2, \cdots, \Phi_N)\{f_1 f_2 \cdots f_N\}^T \quad (3.19)$$

G、L 分别表示全域、局域,该形函数没有过点拟合性质,即

$$\phi_i(x_j) \neq \delta_{ij} \quad \delta_{ij} = \begin{cases} 1, i = j \\ 0, i \neq j \end{cases}$$

$$Gf(z_i) = Lf(z_i) \neq f_i \quad (3.20)$$

这对本质边界条件处理很困难。人们试图通过各种办法来解决这一问题,如无单元与有限元结合形成混合法处理本质边界条件,但这使得无单元法的实现变得复杂化;Lagrange 乘子法是多数人采取的一种处理办法,但无疑增加了大量的未知量,又有人用修正的 Lagrange 乘子法,但其物理量的大小难以确定;配点法显然有失精度。

针对这个问题,文献[68]提出了用奇异权函数的概念,即采取:

$$\overline{W}(r_i) = \overline{W}(x - x_i) = W^{(i)}(x - x_i)|x - x_i|^{-\beta} \quad (3.21)$$

式中　β——正偶数;

r_i——影响半径,$r_i \leqslant r_{\max}$;

$r_{\max}$——影响范围。

由此形成过点插值的性质:$\phi_i(x_j) = \delta_{ij}$。

这种处理技术实现了过点插值,但是对每点的求逆运算异常繁重。为消除奇异,文献[68]试图对基函数 $\{b_{(x)}^{(i)}\}_{i=1}^n$ 进行正交化处理,但对每个 x 的运算仍有可观的工作量,况且正交化处理同样需要大量的运算。也就是说便于本质边界条件处理的过点插值技术,因依赖移动最小二乘技术仍因工作量繁重而无法完成。这也是目前的研究仍依赖于其他边界处理方法的原因。因此既要有"插值性"又要避免"求逆运算",而且还要保持无单元法优点的新型函数迫切需要重构出来。

3.5.2　移动插值技术的继承

移动最小二乘"插值"技术虽然不易实现,但却给了我们重要的提示:局部紧支集上的奇异权函数具有"移动插值"功能。若继承这种技术且避免求逆运算,将会减少工作量且实现"插值"性质,这自然使我想到了 Shepard 插值:取 $b^{(1)} = 1$ 一项作为基函数,则

$$Gf(x) = Lf(x) = Sf(x) = \frac{(f, b^{(1)})b^{(1)}}{(b^{(1)}, b^{(1)})} = \sum_{i=1}^{N} \phi_i f_i \quad (3.22)$$

其中

$$\phi_i = \frac{\overline{W}^{(i)}(x)}{\sum_{i=1}^{N} W^{(i)}(x)} \quad (3.23)$$

$\phi_i(x)$ 具有如下性质:

(1) $\phi^{(i)}(x_j) = \delta_{ij}$,$i, j = 1, 2, \cdots, N$。

(2) $0 \leqslant \phi^{(i)}(x) \leqslant 1$。

(3) $\sum_{i=1}^{N} \phi^{(i)}(x) = 1$,$\forall x$。

(4) $\phi^{(i)}(x) \in C^l(\overline{D})$, $x \notin \{x_i\}_{i=1}^N$。

(5) $sf(x_i) = f_i$。

本书继承 Shepard 插值函数的性质，精心构造出易于边界处理且避免求逆运算的新型函数。

3.5.3 新形函数构建

仅用 Shepard 函数无法构造完备的多项式成分，仅有 C^0 阶连续性。为此，我们借助泰勒多项式基把多项式高阶基函数构造出来，或者说把 Shepard 函数看作 0 阶基函数的插值成分，而 1 阶以上的基函数，由泰勒展开中的多项式基来完成。由此弥补 Shepard 插值之不足，保持高阶连接性（图 3.8）。本书以二维（2D）情况为例，一维（1D）、三维（3D）分别由二维退化和扩展，由：

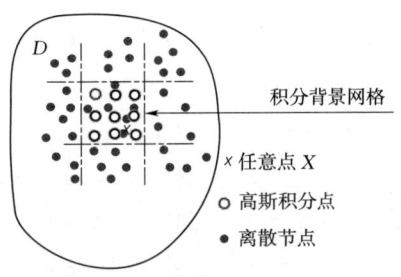

图 3.8 计算示意图

$$f(x,y) = f(x_0, y_0) + \left(h\frac{\partial}{\partial x} + k\frac{\partial}{\partial y}\right) f(x_0, y_0) + \frac{1}{2!}\left(h\frac{\partial}{\partial x} + k\frac{\partial}{\partial y}\right)^2 f(x_0, y_0)$$

$$+ \cdots + \frac{1}{(n+1)!}\left(h\frac{\partial}{\partial x} + k\frac{\partial}{\partial y}\right)^{n+1} f(x_0 + \theta h, y_0 + \theta k) \qquad (3.24)$$

其中 $0 \leqslant \theta \leqslant 1$, $h = x - x_0$, $k = y - y_0$

$$\left(h\frac{\partial}{\partial x} + k\frac{\partial}{\partial y}\right)^p f(x_0, y_0) = \sum_{r=0}^{p} C_p^r h^{p-r} k^r \frac{\partial^p f(x_0, y_0)}{\partial x^{p-r} \partial y^r}$$

在积分网格内任意点 x 将 Taylor 公式在邻近点 (x_0, y_0) 上展开。并用 Shepard 逼近：

$$f(x_0, y_0) = \sum_{i=1}^{N} \phi_i^0 f_i$$

$$\frac{\partial^p f(x_0, y_0)}{\partial x^{p-r} \partial y^r} = \sum_{i=1}^{N} \frac{\partial^p \phi_i^0}{\partial x^{p-r} \partial y^r} f_i = \sum_{i=1}^{N} \phi_{i, x^{p-r} y^r}^0 f_i$$

$$(x - x_0)^{P-r} (y - y_0)^r \triangleq \sum_{i=1}^{N} \phi_i^0 (x - x_i)^{P-r} (y - y_i)^r$$

注意上述 Shepard 逼近的权函数 $\phi_i^0(r_i)$ 中皆以 $r_i = \sqrt{(x-x_i)^2 + (y-y_i)^2}$ 来度量。

$$f(x,y) \triangleq \sum_{i=1}^{N} \phi_i^0 f_i + \sum_{j=1}^{N} \phi_{j,x}^0 f_j \sum_{i=1}^{N} \phi_i^0 (x - x_i)$$

$$+ \sum_{j=1}^{N} \phi_{j,y}^0 f_j \sum_{i=1}^{N} \phi_i^0 (y - y_i) + \frac{1}{2!} \sum_{j=1}^{N} \phi_{j,xx}^0 f_j \sum_{i=1}^{N} \phi_i^0 (x - x_i)^2$$

$$+ \sum_{j=1}^{N} \phi_{j,xy}^0 f_j \sum_{i=1}^{N} \phi_i^0 (x - x_i)(y - y_i)$$

$$+ \frac{1}{2!} \sum_{j=1}^{N} \phi_{j,yy}^0 f_j \sum_{i=1}^{N} \phi_i^0 (y - y_i)^2 + \frac{1}{3!} \sum_{j=1}^{N} \phi_{j,xxx}^0 f_j \sum_{i=1}^{N} \phi_i^0 (x - x_i)^3 + \cdots$$

一般取 1～4 阶的完备基函数项，此逼近函数具有如下性质：

第 3 章 无单元 Galerkin 技术的更新及实施技术

(1) 移动性：因 x 为任一点。

(2) 局部性：由 $\overline{W}^{(i)}(r_i)$ 来实现，具体 $r_{\max}$ 的确定在参考文献 [106] 中已有讨论，不出现奇异方程为准，兼顾精度与计算工作量，本书用指数函数类权函数，此不详述。

(3) 插值性，显然 $f(x_i, y_i) = f_i$。

(4) 具有高阶的完备性，由下列基矢量实现：

$(x-x_i), (y-y_i), (x-x_i)^2, (x-x_i)(y-y_i), (y-y_i)^2, (x-x_i)^3, (x-x_i)^2(y-y_i), \cdots$

(5) 计算简便：直接以 $\{f\}$ 为自变量，不需要大量求逆运算决定逼近函数的系数。

下面将逼近函数矩阵化：

$$f(x,y) = \{\phi\}^{\mathrm{T}}_{1\times N}[I]_{N\times N}\{f\}_{N\times 1} + \{\phi\}^{\mathrm{T}}_{1\times N}[\Delta m]_{N\times N}\{f\}_{N\times 1} \tag{3.25}$$

式中　　$[I]$ ——单位阵。

$$[\Delta m]_{N\times N} = \begin{bmatrix} \sum_{p=1}^{m}\frac{1}{P!}\sum_{r=0}^{p}C_p^r(x-x_1)^{p-r}(y-y_1)^r\phi^0_{1,x^{p-r}y^r} \\ \sum_{p=1}^{m}\frac{1}{P!}\sum_{r=0}^{p}C_p^r(x-x_2)^{p-r}(y-y_2)^r\phi^0_{1,x^{p-r}y^r} \\ \sum_{p=1}^{m}\frac{1}{P!}\sum_{r=0}^{p}C_p^r(x-x_3)^{p-r}(y-y_3)^r\phi^0_{1,x^{p-r}y^r} \\ \vdots \\ \sum_{p=1}^{m}\frac{1}{P!}\sum_{r=0}^{p}C_p^r(x-x_N)^{p-r}(y-y_N)^r\phi^0_{1,x^{p-r}y^r} \\ \sum_{p=1}^{m}\frac{1}{P!}\sum_{r=0}^{p}C_p^r(x-x_1)^{p-r}(y-y_1)^r\phi^0_{2,x^{p-r}y^r} \\ \sum_{p=1}^{m}\frac{1}{P!}\sum_{r=0}^{p}C_p^r(x-x_2)^{p-r}(y-y_2)^r\phi^0_{2,x^{p-r}y^r} \\ \sum_{p=1}^{m}\frac{1}{P!}\sum_{r=0}^{p}C_p^r(x-x_3)^{p-r}(y-y_3)^r\phi^0_{3,x^{p-r}y^r} \\ \vdots \\ \sum_{p=1}^{m}\frac{1}{P!}\sum_{r=0}^{p}C_p^r(x-x_N)^{p-r}(y-y_N)^r\phi^0_{N,x^{p-r}y^r} \\ \sum_{p=1}^{m}\frac{1}{P!}\sum_{r=0}^{p}C_p^r(x-x_1)^{p-r}(y-y_1)^r\phi^0_{N,x^{p-r}y^r} \\ \sum_{p=1}^{m}\frac{1}{P!}\sum_{r=0}^{p}C_p^r(x-x_2)^{p-r}(y-y_2)^r\phi^0_{N,x^{p-r}y^r} \\ \sum_{p=1}^{m}\frac{1}{P!}\sum_{r=0}^{p}C_p^r(x-x_3)^{p-r}(y-y_3)^r\phi^0_{N,x^{p-r}y^r} \\ \vdots \\ \sum_{p=1}^{m}\frac{1}{P!}\sum_{r=0}^{p}C_p^r(x-x_N)^{p-r}(y-y_N)^r\phi^0_{N,x^{p-r}y^r} \end{bmatrix}_{N\times N}$$

令：
$$[N]_{1\times N} = [N_1(x,y), N_2(x,y), \cdots, N_N(x,y)]$$
$$= \{\phi\}^T [I] + \{\phi\}^T [\Delta m] \tag{3.26}$$

其中：
$$N_k(x,y) = \phi_k + \sum_{j=1}^{N} \sum_{p=1}^{m} \frac{1}{P!} \sum_{r=0}^{p} C_p^r (x-x_j)^{p-r} (y-y_j)^r \phi_{k,x^{p-r}y^r}$$
$$= \phi_k + \sum_{j=1}^{N} \sum_{p=1}^{m} \frac{1}{P!} \left(h_j \frac{\partial}{\partial x} + k_j \frac{\partial}{\partial y} \right)^p \phi_k^0$$
$$h_j = x_0 - x_j, \quad k_j = y_0 - y_j$$

显然：
$$N_k(x_i, y_i) = \delta_{ki} = \begin{cases} 1 & k=i \\ 0 & k \neq i \end{cases}$$

随着目前无单元场函数构建技术的有效改进，使它几乎摆脱了原来无单元构建场函数繁重不堪的框架，像有限元及其他微分方程的近似解法一样，直接构建场量函数，恢复了大家比较习惯且用得相当成熟的 FEM。传统 Galerkin 法等求解物理问题的原始框架，只不过将无单元中权函数技术巧妙糅合其中，达到了预想的目的。

3.6 非凸边界处影响域的界定

非凸边界包括内置孔边界、凹角边界及裂纹边界，都存在着一个影响域的处理问题；因为在这些凹域处可能由于介质的非连续性，使得点与点之间的影响效果产生影响，实际上是由于两点之间影响的直线距离发生了绕道现象，产生了影响减弱的作用，而这些区域往往是应力集中区域，位移变化大，所以对影响域的计算特别敏感，所以，此处的计算显得很重要。在上一章中已经介绍了几个成果，本章对已有的成果进行改进以便计算更加准确有效。

在上一章提出的 3 个准则中，其优缺点已经予以评述，此处重点对已有计算公式的方便性及准确性予以改进，以提高计算的效率和精度。通过分析研究，拟采用弦弧准则 (String - arc criterion，图 3.9) 来建立公式。

由此提出下列公式来确定：
$$S(x) = \| x - x_I \|_2 + \| \overset{\frown}{AB} - \overline{AB} \|_2 \tag{3.27}$$

图 3.9 (a) 中，$\widehat{AB} = A\widehat{C}B$；图 3.9 (b) 中，$\widehat{AB} = |AC| + |BC|$；图 3.9 (c) 中，$\widehat{AB} = |AC| + |BC| = 2|AC|$。

至于 $\overline{AB}$ 在图 3.9 (a)、(b) 中都为线段 AB 长，在图 3.9 (c) 中 $\overline{AB} = 0$。此公式的优点是简单明了，易于计算，不用人为确定其他参数，且影响范围比较合理，有衍射准则，透明准则的优点。计算效果比

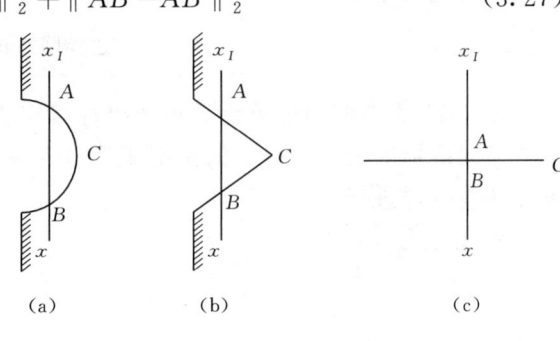

图 3.9 弦弧准则

较好。我们称其为弦弧准则。

这一公式的优点在于：便于快速计算公式中的各量。第 3 章已经叙述，原有几个公式的最大缺点是计算公式各量不方便，有时需要解方程，很麻烦。此处应用弦弧准则则大大简化了计算。在程序中只要检索到有计算点连续穿过边界的情况，就进行公式中各量的计算（图 3.9 中各量），求出影响域的距离，代入权函数中，这时公式中计算弦与弧的长度比现有公式要方便得多，减少了计算工作量，影响域与其他准则相似，其影响域示意如图 3.10 所示。

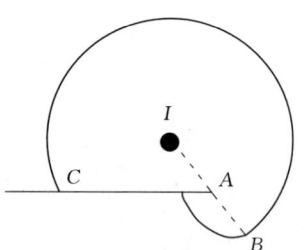

图 3.10 弦弧准则节点的影响域

3.7 背景网格积分与误差的处理

背景网格是用来区域积分的，因高斯积分有较好的精度，背景网格的计算一般用高斯积分进行。但在边界处，积分网格被切掉一部分，因为已经没有介质，所以那里的积分效果为零，这时就无法再按原积分网格确定的积分来计算，无论这些积分点在介质区域内或介质区域外，都应进行新的调整，不然则对积分精度产生误差。一般积分单元被截断的情形，如图 3.11 所示的几种情况，对此，为了增加精度需将截断后留在区域内的单元格进行重新布置。因为像图 3.11 中所示的曲边三角形单元，其积分点及权比较难找，平面内高斯积分一般用矩形单元，因为矩形单元中高斯积分点是用一维积分的积分点集合而成，比较简单，而曲三角形的积分点找起来相对困难，所以我们一般将残留的非四边形单元划成四边形，然后用映射的概念，转换成矩形单元，找出积分点及权的位置，进行积分即可。当然这种单元网格的处理将以增加一定的工作量为代价，事先做一下网格处理是值得的，如图 3.11 所示。

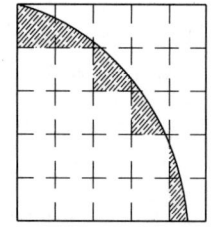 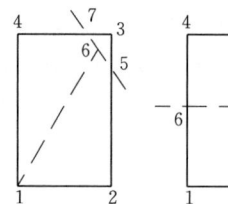 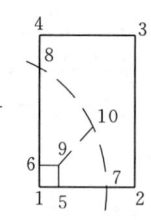 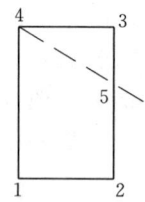 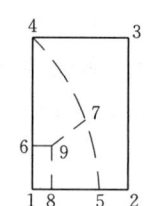

图 3.11 边界网格积分的高精度处理

图 3.11 中新四边形单元的顶点坐标可以方便地指定，只要划成四边形单元即可。当然它们划成标准的边长为 2 的正则矩形单元也很容易，就像有限元中一般四边形单元与母单元转换一样进行。

积分公式转换成：

$$\iint_{\Omega_i} f(x,y) \mathrm{d}x \mathrm{d}y = \int_{-1}^{1} \int_{-1}^{1} f(\xi,\eta) |J| \mathrm{d}\xi \mathrm{d}\eta \tag{3.28}$$

本书采用 3×3 高斯积分点，例题中不再重复提示，并应用上述技术。

3.8 权函数

MLS 性质依赖于多项式基和权函数。如果近似仅仅反映局部节点数据，权函数必须是紧支集。因此上面各式提到的 n 仅仅包含在 x 点上权函数不为零的部分点。在应用中，为了方便，可以取每个节点的影响域是以节点 x_i 为中心，影响半径为 ρ 的闭区域，于是参与 $Gf(x)$ 运算的就是满足 $|x-x_i|\leqslant\rho$ 的点。

当节点值 x_i 对计算结果很重要时，为了保证插值性，可以采用合适的奇异权函数，这对于保证近似是很重要的。如果多项式基仅仅为一常数，这个方法简化成加权平均方法。如果权函数在节点上是奇异的，近似函数具有插值的性质，即近似函数通过节点，Shepard 插值是这两种情况的结合。

同 x_i、ρ_i 相联系的权函数的支撑域要满足以下的情况：

（1）支撑集通过 ρ_i 反映出，应该是足够大，且能够在每一个样点上满足有充分数量的节点来保障系数阵的非奇异性。

（2）支撑集还应该足够小以提供充足的局部特性保证最小二乘模拟。

权函数的选取应该满足以下要求：

1）非负。

2）连续可导，以保证近似函数连续可导。

3）x 点的权函数在自身取最大值，离 x 点越近，权值越大，越远权值越小。

可将权函数表达为两点间的距离函数，即

$$w_i(x)=w(x-x_i)=w_i(r_i)$$

其中 $r_i=\|x-x_i\|$ 为 x_i 与 x 间的距离。

Belytschko 在文献 [100] 中提出了 2 种类型的权函数：

第一类（指数型）：

$$w_i(r_i^{2k})=\begin{cases}\dfrac{e^{-\left(\frac{r_i}{c}\right)^{2K}}-e^{-\left(\frac{r_{mi}}{c}\right)^{2K}}}{1-e^{-\left(\frac{r_{mi}}{c}\right)^{2k}}} & (r_i\leqslant r_{mi})\\ 0 & (r_i>r_{mi})\end{cases} \quad (3.29)$$

第二类（圆锥型）：

$$w_i(r_i^{2k})=\begin{cases}1-\left(\dfrac{r_i}{r_{mi}}\right)^{2k} & (r_i\leqslant r_{mi})\\ 0 & (r_i>r_{mi})\end{cases} \quad (3.30)$$

式中　k——正整数；

r_{mi}——节点 i 影响半径。

$c = \alpha c_i$，$1 \leqslant \alpha \leqslant 2$，$c_i = \max\limits_{j \in S_j} \| x_j - x_i \|$，$S_j$ 为 x_i 点影响域内包围 x_i 的多边形的最小点集，对于均匀分布的节点来说，c_i 为节点间的最大距离，$r_{mi} = (4 \sim 6) c_i$。

文献 [122] 中提出了一种新的权函数形式，即

第三类：

$$w_i(r_i) = \begin{cases} \dfrac{r_{mi}^2}{r_i^2 + \varepsilon^2 r_{mi}^2} \left(1 - \dfrac{r_i^2}{r_{mi}^2}\right) & (r_i \leqslant r_{mi}) \\ 0 & (r_i > r_{mi}) \end{cases} \quad (3.31)$$

式中　ε——一正的小值；

　　　k——正整数。

k 及 ε 的选取具有一定程度的任意性，但适当选取可提高计算精度。由上式容易得出，$w_i(r_i)$ 在 $r_i \in [0, +\infty)$ 内存在关于坐标的 $k-1$ 阶连续导函数。

ε 值越小，w_i 在 i 结点自身取值越大，而在远离 i 点处取值越小。当 $\varepsilon = 0$ 时，权函数具有奇异性，在这种情况下，移动最小二乘拟合符合插值条件：

$$Gu(x_i) = u_i$$

即

$$v_i(x_j) = \delta_{ij}, i, j = 1, 2, \cdots, n \quad (3.32)$$

但奇异权在数值计算中遇到了困难，所以实际计算中应取 $\varepsilon > 0$，此时，近似函数并不精确通过每个节点。参考文献 [128] 建议选用 $k = 4$，$\varepsilon = 0.5$，计算结果较好。r_{mi} 也需适当选取，在尽量减少计算量的同时满足系数阵的非奇异性，在节点均匀分布时，可取为 $r_{mi} = \sqrt{\alpha n / \pi c}$，其中 $n = 3$（线性基），$n = 6$（二次基），$n = 10$（三次基）；c 为节点分布密度；α 为大于 1 的系数，建议 $\alpha = 4$。

参考文献 [94]、[95] 选用下列四次样条函数作为权函数，取得了满意的效果。

第四类：

$$w_i(r_i) = \begin{cases} 1 - 6 \left(\dfrac{r_i}{r_{mi}}\right)^2 + 8 \left(\dfrac{r_i}{r_{mi}}\right)^3 - 3 \left(\dfrac{r_i}{r_{mi}}\right)^4 & (r_i \leqslant r_{mi}) \\ 0 & (r_i > r_{mi}) \end{cases} \quad (3.33)$$

采用三次多项式作为权函数也能取得满意的结果。

第五类：

$$w_i(r_i) = \begin{cases} 1 - 3 \left(\dfrac{r_i}{r_{mi}}\right)^2 + 2 \left(\dfrac{r_i}{r_{mi}}\right)^3 & (r_i \leqslant r_{mi}) \\ 0 & (r_i > r_{mi}) \end{cases} \quad (3.34)$$

图 3.12～图 3.26 形象说明了权函数及其影响域的概念。

Belytschko 等在参考文献 [100] 中提到指数型和样条型权函数的使用效果远优于圆锥型权函数。本书对几种常见的权函数比较分析后，认为指数型权函数比较优，因它既有较好的高梯度形状，这有利于高梯度场的分析，导数连续性也好。

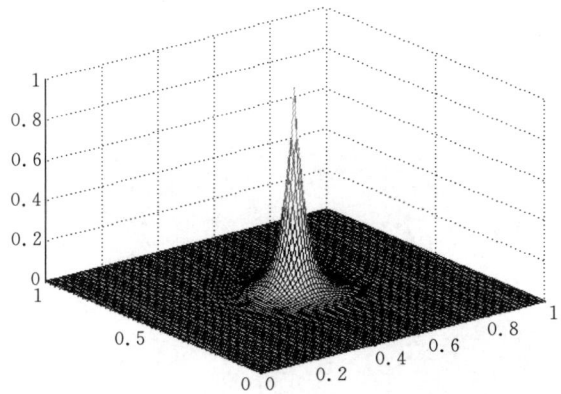
图 3.12　第一类权函数形态

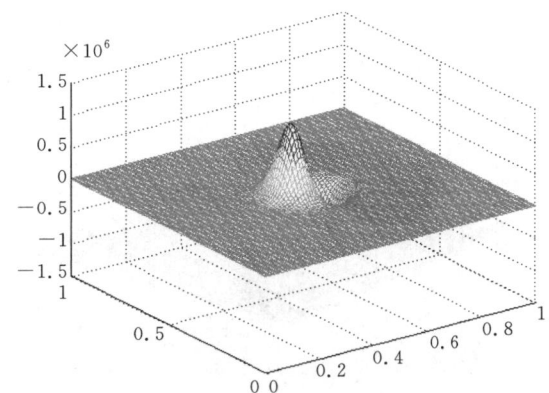
图 3.13　第一类权函数对 x 坐标偏导数形态

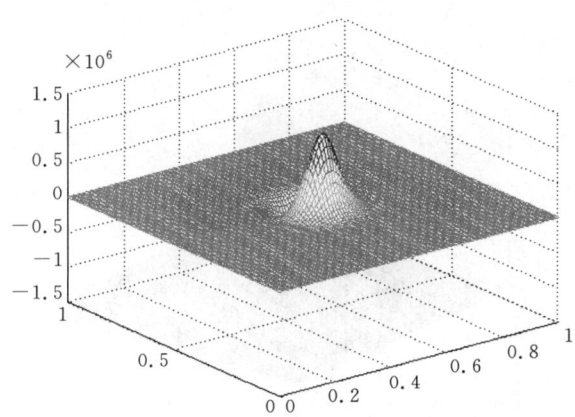
图 3.14　第一类权函数对 y 坐标偏导数形态

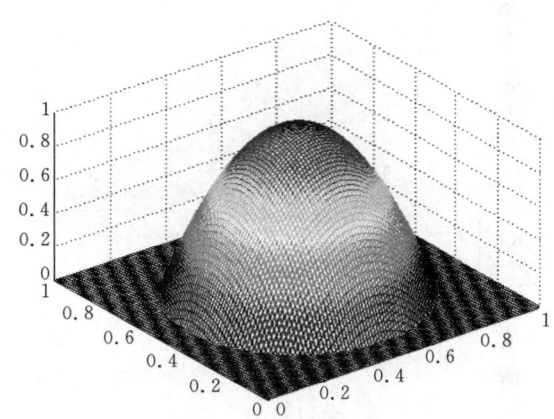
图 3.15　第二类权函数形态

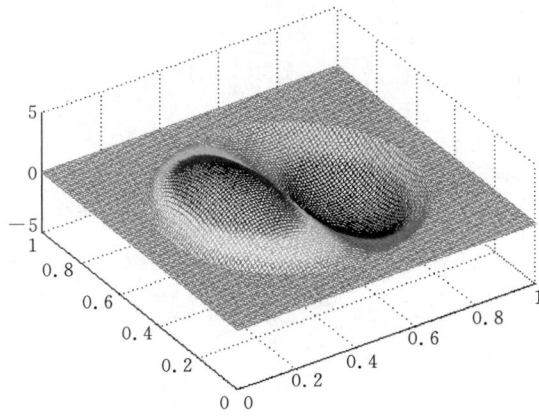
图 3.16　第二类权函数对 x 坐标偏导数形态

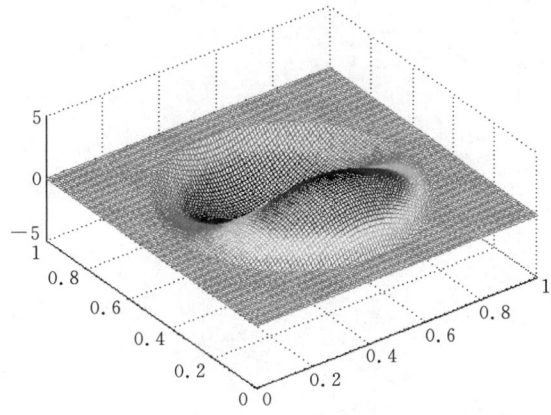
图 3.17　第二类权函数对 y 坐标偏导数形态

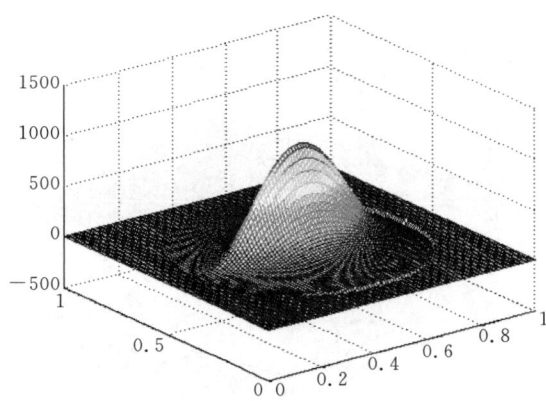

图 3.18 第三类权函数形态

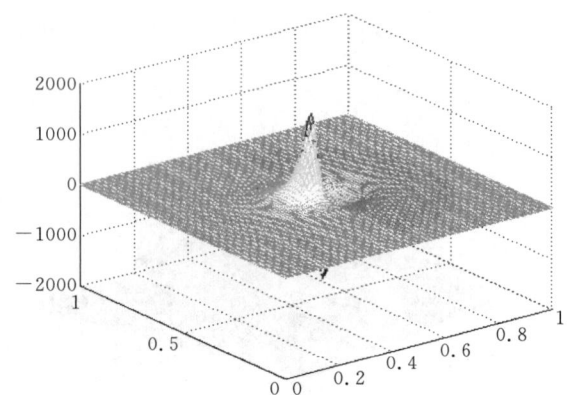

图 3.19 第三类权函数对 x 坐标偏导数形态

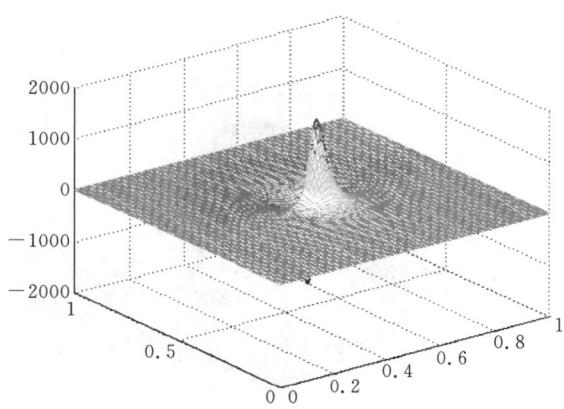

图 3.20 第三类权函数对 y 坐标偏导数形态

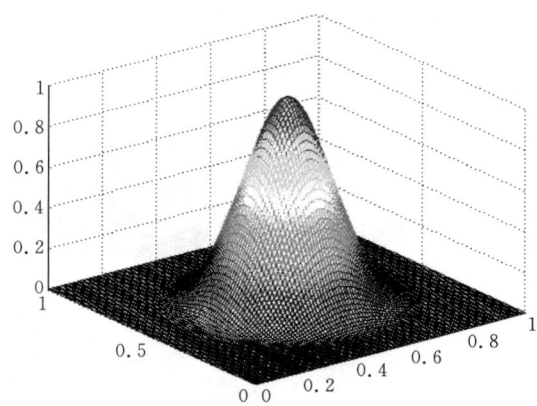

图 3.21 第四类权函数形态

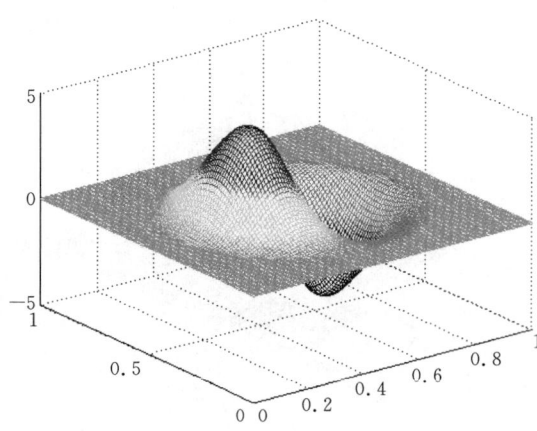

图 3.22 第四类权函数对 x 坐标偏导数形态

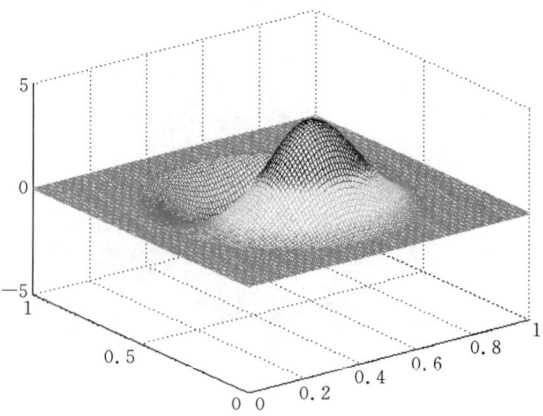

图 3.23 第四类权函数对 y 坐标偏导数形态

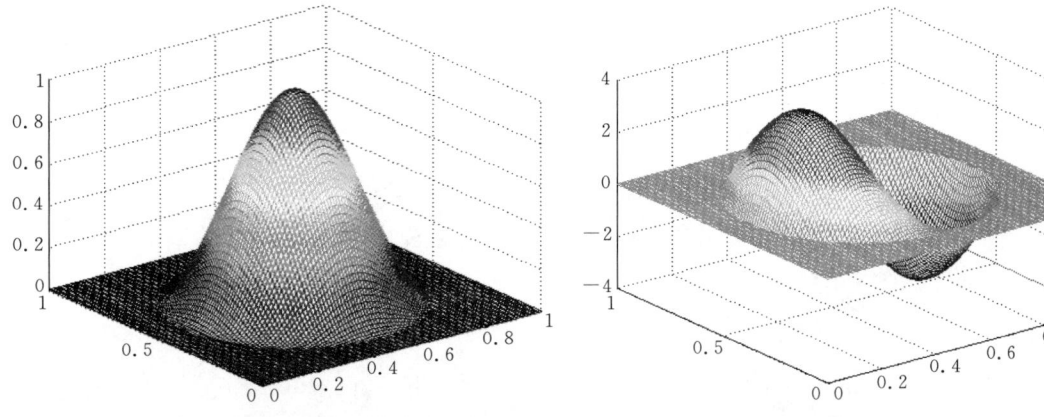

图 3.24　第五类权函数形态　　图 3.25　第五类权函数对 x 坐标偏导数形态

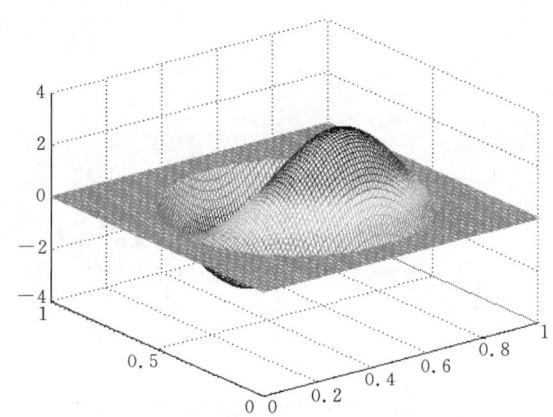

图 3.26　第五类权函数对 y 坐标偏导数形态

本书选用指数型权函数与 $r^{-\alpha}$ 之积化成奇异权函数（α 为正偶数）进行本书的求解（例题中不再提示），结果比较理想。

3.9　考题验证

至此，我们将 EFG 方法所涉及的几项关键问题进行了研究。由此，我们就可以着手对新的无单元技术进步考证，以便进行下章节工程实际问题计算。为验证公式的可靠性及有效性，下面实例用弹性力学解答作为比较。

【例 3.1】　设有内圆环，内半径为 a，外半径为 b。取 $a=2.5\mathrm{m}$，$b=12.5\mathrm{m}$。$E=2.0\times10^{11}\mathrm{Pa}$，$\mu=0.25$，$q_a=2.0\times10^7\mathrm{Pa}$，$q_b=3.0\times10^7\mathrm{Pa}$，由弹性力学（拉密）解答及极坐标下的几何方程可推出径向位移的解析解 U_r。取 1/4 半圆环计算，用奇异化的指数型权函数，$r_{mi}=5c$，r_{mi} 为节点 i 影响半径，$c=\alpha c_i$，$1\leqslant\alpha\leqslant 2$，$c_i=\max\limits_{j\in S_j}\|x_j-x_i\|$，$S_j$ 为 x_i 点影响域内包围 x_i 的多边形的最小点集，取 $\alpha=2$，节点分布见图 3.27～图

3.29，选 24×28 个节点，用本章高斯积分 3×3 技术。

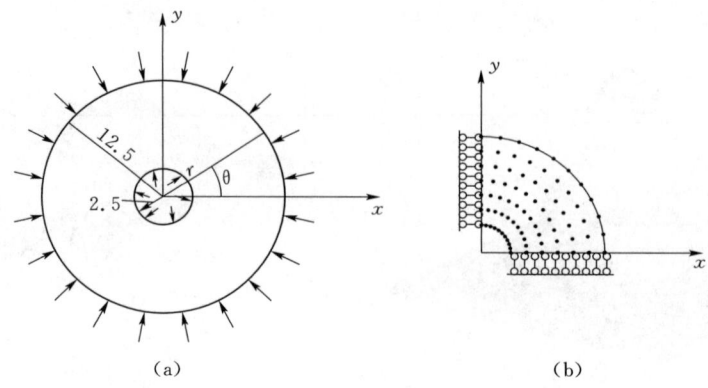

图 3.27 圆环及其计算模型示意图

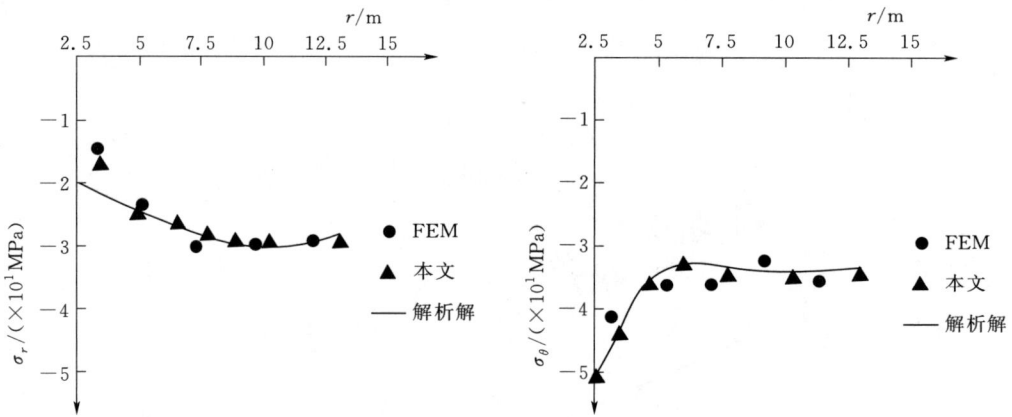

图 3.28 沿 $\theta=30°$ 方向的应力分布

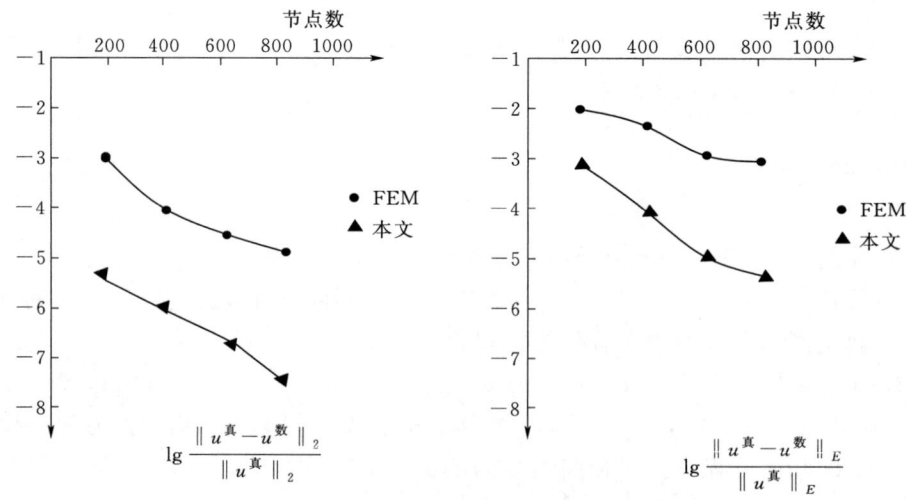

图 3.29 不同度量下计算结果误差比较

第 4 章 带缺陷加肋柱壳组合体基本方程

4.1 带缺陷环向加肋柱壳组合体的分析模型

环向加肋柱壳组合体是常见的结构形式，广泛地应用于建筑、航空航天、水电、石油化工等重要的工业领域。随着科学技术及钢材冶炼水平的提高，壳体材料的力学性能越来越好，壳结构规模做得越来越大，相对越来越柔。因此必须施加加劲肋以提高其整体刚度，这就为壳结构分析增大复杂性，不管是强度问题或是稳定性问题都具有较大的复杂性，所以工程结构也常常出现破坏事故，研究人员为了更好地分析这种组合结构的力学特性，提出了不同的计算模型，如将肋的刚度与截面均匀化并入壳中，然后按壳体分析的模型计算。这种模型的变换减少了计算的复杂性却显著的降低了精度，对密加肋尚可，因为肋的截面沿柱壳轴线方向均匀化使壳体变厚了，过柱壳轴线的平面内壳抗弯刚度增大，但肋不具备这个方向的力学功能。也有作者将肋看成板来看待，认为在垂直肋轴线所在平面的方向上发生侧移，但这不是肋设计的目的，肋设计的目的是增大其轴线所在平面内的刚度，阻止壳在法线方向的变形。在工程中，肋也的确如此工作，在第 7 章的实验中也证实了这一点。在本书研究的水工压力管道，由于周围混凝土的夹持，肋也只能在其轴线所在平面内变形，因此，将肋看成封闭的曲梁与壳协同工作是可以信赖的力学模型。

4.2 加肋柱壳应变状态分析

4.2.1 肋的应变状态分析

取图 4.1 所示一段圆弧曲梁，放在图 4.1 所示坐标系 XOY 中，建立 $a^1 a^2 a^3$ 正交坐标活动标架，设 AB 为深的曲梁且只在 XOY 面内变形。

$$x = R\cos\frac{S}{R},\quad y = R\sin\frac{S}{R},\quad z = z$$

$$a^1 = t,\quad a^2 = s\quad a^3 = z$$

中线上一点 C 用矢量表示：

$$\overline{r_m^0} = R\cos\left(\frac{S}{R}\right)\overline{e_1} + R\sin\left(\frac{S}{R}\right)\overline{e_2} \tag{4.1}$$

中线上的法线矢量表示为

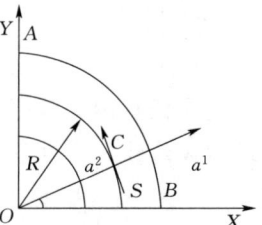

图 4.1 厚曲梁示意图

$$\overline{n_m^0} = \cos\left(\frac{S}{R}\right)\overline{e_1} + \sin\left(\frac{S}{R}\right)\overline{e_2} \tag{4.2}$$

曲梁上的任一点可表示为

$$\overline{r_A^0} = r_m^0(S) + tn_m^{(0)}(S) \tag{4.3}$$

式中 S、t——活动标架坐标参量。

沿 a^2 方向基矢量为

$$\overline{a^0} = \frac{\frac{\partial \overline{r_m^0}}{\partial \alpha^2}}{\left\|\frac{\partial \overline{r_m^0}}{\partial \alpha^2}\right\|} = -\sin\left(\frac{S}{R}\right)\overline{e_1} + \cos\left(\frac{S}{R}\right)\overline{e_2} \tag{4.4}$$

曲线坐标上的基矢量 $\overline{g_i}$ 为

$$\overline{g_1} = \frac{\partial \overline{r_A^0}}{\partial \alpha^1} = \overline{n^0},\ \overline{g_2} = \frac{\partial \overline{r_A^0}}{\partial \alpha^2} = \frac{\partial \overline{r^0}}{\partial \alpha^2} + t\frac{\partial \overline{n^0}}{\partial \alpha^2} = \left(\frac{t}{R}+1\right)\overline{a^0},\ \overline{g_3} = \overline{e_3} \tag{4.5}$$

两坐标间体积积分转换关系：

$$dv = \sqrt{g}\, dS\, dt\, dz$$

其中
$$\sqrt{g} = \overline{g_2} \cdot (\overline{g_3} \times \overline{g_1}) = \left(\frac{t}{R}+1\right)$$

梁上任一点在变形后的位置：

$$\overline{r} = \overline{r_A^0} + \overline{u}$$

$$u = (u+t\theta)\vec{a}^0 + w\overline{n_m^{(0)}} = \left(\frac{R}{t+R}\right)(u+t\theta)\overline{g_2} + w\overline{g} + z\overline{g_3} \tag{4.6}$$

θ 为剪应变引起的法线转角。因仅在 XOY 面内考虑曲梁变形，故 z 不予考虑。而

$$[g_{ij}] = \begin{bmatrix} 1 & 0 & 0 \\ 0 & \left(\frac{t}{R}+1\right)^2 & 0 \\ 0 & 0 & 1 \end{bmatrix} \tag{4.7}$$

设 $\overline{u} = u^i \overline{g_i}$，令变形后矢量：

$$\vec{G}_i = \vec{r}_{,i}\, G_{ij} = \vec{G}_i \cdot \vec{G}_j$$

由张量分析定义应变：

$$e_{ij} = \frac{1}{2}(G_{ij}-g_{ij}) = \frac{1}{2}(u_i|_j + u_j|_i + u_k|_i u^k|_j) = \frac{1}{2}(g_{ik}u^k|_j + g_{kj}u^j|_i + g_{kl}u^l|_i u^k|_j) \tag{4.8}$$

这是任意圆弧状深曲梁的非线性应变公式，可适用于其他工程问题的大变形分析，对之进行显式化，不计 $\overline{n^0}$ 方向应变 w_n 等。

$$\varepsilon_s = \varepsilon_{22} = \left(\frac{t}{R}+1\right)\left(u_{,s} + t\cdot\theta_{,s} + \frac{w}{R}\right) + \frac{1}{2}(w_{,s})^2 + \frac{1}{2}\left\{\left[(u_{,s}+t\theta_{,s})\frac{R}{R+t}\right]\right\}^2 \tag{4.9}$$

4.2 加肋柱壳应变状态分析

$$\gamma_{ts} = 2\varepsilon_{12} = w_{,s} + \theta - \frac{u}{R} \qquad (4.10)$$

本书水工压力管道加肋 S 方向位移 $u=0$；同时将上述分解成线性与非线性部分。

$$\{\varepsilon\}_R = \begin{Bmatrix} \varepsilon_s \\ r_{ts} \end{Bmatrix} = \{\varepsilon\}_{RL} + \{\varepsilon\}_{RN} = \begin{Bmatrix} \left(\frac{t}{R}+1\right)\left(t\cdot\theta_{,s}+\frac{w}{R}\right) \\ w_{,s}+\theta \end{Bmatrix} + \begin{Bmatrix} \frac{1}{2}(w_{,s})^2 + \frac{1}{2}\left(\frac{tR}{R+t}\theta_{,s}\right)^2 \\ 0 \end{Bmatrix} \qquad (4.11)$$

因加劲肋相对于壳厚，高度较大，故肋在其平面内刚度较大，令 $\{\varepsilon\}_{RN}=0$，同时在失稳过程，只计线性刚度 $[K_L]_R$。肋作为厚曲梁的一般非线性几何方程为

$$\{\varepsilon\}_R = \begin{Bmatrix} \varepsilon_s \\ \varepsilon_{ts} \end{Bmatrix} = \begin{Bmatrix} \left(\frac{t}{R}+1\right)\left(u_{,s}+t\theta_{,s}+\frac{w}{R}\right) \\ w_{,s}+\theta-\frac{u}{R} \end{Bmatrix} \qquad (4.12)$$

将法线转动 (θ) 中去除刚体转动 $\left(\frac{u}{R}\right)$。令 $\phi = \theta - \frac{u}{R}$，则

$$\{\varepsilon\}_R = \begin{Bmatrix} \left(\frac{t}{R}+1\right)\left[\left(u_{,s}+t\left(\phi_{,s}+\frac{u_{,s}}{R}\right)+\frac{w}{R}\right)\right] \\ w_{,s}+\phi \end{Bmatrix}$$

$$= \begin{bmatrix} \left(\frac{t}{R}+1\right)^2 \frac{\partial(u)}{\partial s} & \left(\frac{t}{R}+1\right)t\frac{\partial(\varphi)}{\partial s} & \frac{(R+t)}{R^2} \\ 0 & 1 & \frac{\partial(w)}{\partial s} \end{bmatrix} \begin{Bmatrix} u \\ \phi \\ w \end{Bmatrix}_R$$

$$= [L]_R \{u\}_R \qquad (4.13)$$

利用式 (3.6)、式 (3.7) 对 u、ϕ、w 进行无单元形函数拟合。

$$\{u\}_R = \begin{Bmatrix} u \\ \phi \\ w \end{Bmatrix}_R = \begin{Bmatrix} u^h \\ \phi^h \\ w^h \end{Bmatrix} = \begin{Bmatrix} \sum_{i=1}^N \overline{\phi_i} u_i \\ \sum_{i=1}^N \overline{\phi_i} \beta_i \\ \sum_{i=1}^N \overline{\phi_i} w_i \end{Bmatrix}$$

$$= \begin{bmatrix} \overline{\phi_1} & 0 & 0 & \overline{\phi_2} & 0 & 0 & \cdots & 0 & 0 & \overline{\phi_i} & 0 & 0 & \cdots & \overline{\phi_N} & 0 & 0 \\ 0 & \overline{\phi_1} & 0 & 0 & \overline{\phi_2} & 0 & \cdots & 0 & 0 & 0 & \overline{\phi_i} & 0 & \cdots & 0 & \overline{\phi_N} & 0 \\ 0 & 0 & \overline{\phi_1} & 0 & 0 & \overline{\phi_2} & \cdots & 0 & 0 & 0 & 0 & \overline{\phi_i} & \cdots & 0 & 0 & \overline{\phi_N} \end{bmatrix}_{3\times 3N} \begin{Bmatrix} u_1 \\ \beta_1 \\ w_1 \\ \vdots \\ u_N \\ \beta_N \\ w_N \end{Bmatrix}$$

$$= [[\phi_1] \; [\phi_2] \; [\phi_3] \; \cdots \; [\phi_N]]\{\delta\}_R = [\phi]_R \{\delta\}_R \qquad (4.14)$$

$$\begin{aligned}
\{\varepsilon\}_R &= [L]_R \{u\}_R = [L]_R [u]_R \{\delta\}_R \\
&= [[L]_R [\phi_1] \quad [L]_R [\phi_2] \quad [L]_R [\phi_3] \quad \cdots \quad [L]_R [\phi_i] \quad \cdots \quad [L]_R [\phi_N]] \{\delta\}_R \\
&= [[B_{1R}] \quad [B_{2R}] \quad [B_{3R}] \quad \cdots \quad [B_{iR}] \quad \cdots \quad [B_{NR}]] \{\delta\}_R = [B]_R \{\delta\}_R
\end{aligned}$$
(4.15)

$$[B_{iR}] = [L]_R [\phi_i] = \begin{bmatrix} B_{1i}^1 & B_{1i}^2 & B_{1i}^3 \\ B_{2i}^1 & B_{2i}^2 & B_{2i}^3 \end{bmatrix}$$

其中：$B_{1i}^1 = \left(\dfrac{t}{R}+1\right)^2 \bar{\phi}_{i,s}$，$B_{1i}^2 = \left(\dfrac{t}{R}+1\right) t \bar{\bar{\phi}}_{i,s}$，$B_{1i}^3 = \left(\dfrac{R+t}{R^2}\right)\phi_{i,s}$

$B_{2i}^1 = 0$，$B_{2i}^2 = \bar{\bar{\phi}}_i$，$B_{2i}^3 = \phi_{i,s}$

4.2.2 具有初始几何缺陷薄壳的非线性几何方程

由于现在工程上的加肋柱壳常常由于功能的需要，建得越来越庞大，由于材质强度越来越高，壳型相对结构尺寸（如管壳半径）也越来越薄，所以成了典型的薄壳结构（壳厚与最小曲率半径之比 $\dfrac{1}{1000} \leqslant \dfrac{h}{R_{\min}} \leqslant \dfrac{1}{50}$），由于结构体型大且柔，于是常常会在工作状态下表现出几何非线性，同时，也常常会带有初始几何缺陷，比如鼓包、凹陷或椭圆状。即使壳体几何形状比较完善，但由于周围外裹物的裂隙或缺损都会使壳体表现出缺陷形状，发生相当于鼓包或凹陷的初始位移。基于此，本书将对具有初始几何缺陷的壳体进行基础理论研究，以便对薄壳可能出现的相关缺陷进行分析。

4.2.2.1 完善薄壳的几何方程

1. 基本假设

一方面因循传统假设，另一方面在应变公式中略去应变二次幂和转角三次幂。上述假设引起的误差与 1 相比具有 $h/R_{\min}$ 量级（h、$R_{\min}$ 分别为壳厚及最小曲率半径）。在后面的公式中，省略与 1 相比具有 $h/R_{\min}$ 量级的量。其误差不超过基本假设引起的误差。

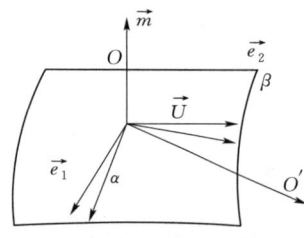

图 4.2 活动标架及位移矢

2. 位移矢及转动矢

壳体变形归结为点的移动及线的转动。在壳中面上，曲率线 α、β 的切向单位矢 $\vec{e_1}$、$\vec{e_2}$ 和法向单位矢 $\vec{m}$ 构成右手系标架。设中面上任一点位移为 $\vec{U}$，其在 $\vec{e_1}$、$\vec{e_2}$、$\vec{m}$ 上的投影为 u、v、w，则位移矢如图 4.2 所示。

$$\vec{U} = u\vec{e_1} + v\vec{e_2} + w\vec{m} \tag{4.16}$$

3. 转动矢

设 $\vec{e_1}$、$\vec{e_2}$、$\vec{m}$ 变形后到 $\vec{e_1^t}$、$\vec{e_2^t}$、$\vec{m^t}$ 的位置。设 $\vec{m}$ 向 $\vec{e_1}$、$\vec{e_2}$ 向 $\vec{m}$ 的转角分别为 θ、ψ，$\vec{e_1}$ 向 $\vec{e_2}$ 和 $\vec{e_2}$ 向 $\vec{e_1}$ 的转角分别为 ω_1、ω_2，则转动矢为

$$\vec{\Omega} = \psi\vec{e_1} + \theta\vec{e_2} + \dfrac{1}{2}(\omega_1 - \omega_2)\vec{m} \tag{4.17}$$

各量如图 4.3 所示。

4. 薄壳中面应变

如图 4.4 中面内一点 O 的矢径为 $\vec{r}$, 变形后为 $\vec{R}$。根据 Lame 系数的定义, 则

变形前:

$$\begin{cases} A = |\vec{r_\alpha}|, & \vec{e_1} = \dfrac{\vec{r_\alpha}}{|\vec{r_\alpha}|} = \dfrac{\vec{r_\alpha}}{A}, \\ B = |\vec{r_\beta}|, & \vec{e_2} = \dfrac{\vec{r_\beta}}{|\vec{r_\beta}|} = \dfrac{\vec{r_\beta}}{B}, \end{cases} \quad (4.18)$$

沿坐标线 α、β 的微分弧长分别为 $ds_1 = A d\alpha$, $ds_2 = B d\beta$。

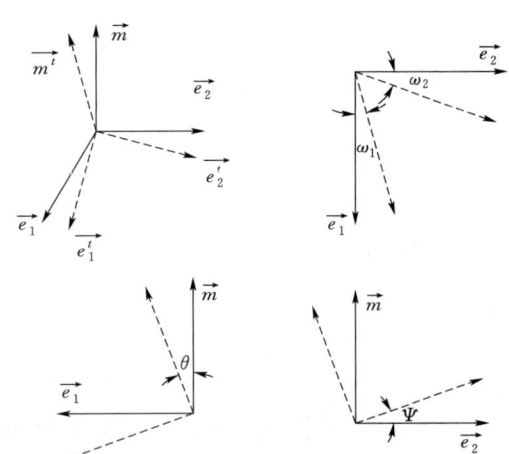

图 4.3 转动矢量分量示意图

变形后:

$$\begin{cases} A^t = |\vec{R_\alpha}|, & \vec{e_1^t} = \dfrac{\vec{R_\alpha}}{A^t} \\ B^t = |\vec{R_\beta}|, & \vec{e_2^t} = \dfrac{\vec{R_\beta}}{B^t} \end{cases} \quad (4.19)$$

沿坐标线 α、β 的微分弧长分别为

$$ds_1^t = A^t d\alpha, \quad ds_2^t = B^t d\beta$$

于是沿 α、β 的应变分别为

$$\varepsilon_\alpha = \frac{ds_1^t - ds_1}{ds_1} = \frac{A^t - A}{A}, \quad \varepsilon_\beta = \frac{ds_2^t - ds_2}{ds_2} = \frac{B^t - B}{B}$$

则

$$A^t = A(1 + \varepsilon_\alpha), \quad B^t = B(1 + \varepsilon_\beta) \quad (4.20)$$

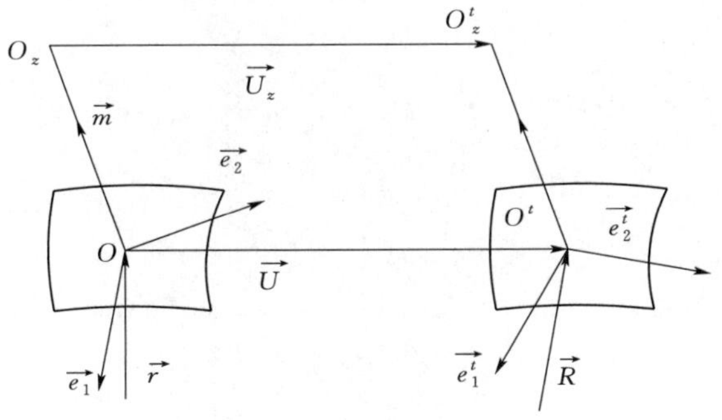

图 4.4 位移矢示意图

如图 4.4 所示:

$$\vec{R_\alpha} = \vec{r_\alpha} + \vec{U_\alpha}, \quad \vec{R_\beta} = \vec{r_\beta} + \vec{U_\beta} \quad (4.21)$$

由式 (4.20) 第一式与式 (5.21) 第一式得:

$$(1 + \varepsilon_\alpha) \vec{R_\alpha}/A^t = \vec{r_\alpha}/A + \vec{U_\alpha}/A$$

又由式 (4.18) 与式 (4.19), 上式变为

$$(1 + \varepsilon_\alpha) \vec{e_1^t} = \vec{e_1} + \frac{\vec{U_\alpha}}{A} \quad (4.22)$$

式 (4.22) 两端乘 $\vec{e_1}$ 得:

$$(1 + \varepsilon_\alpha) \vec{e_1^t} \cdot \vec{e_1} = 1 + \frac{\vec{U_\alpha}}{A} \cdot \vec{e_1} \quad (4.23)$$

又由
$$\begin{cases} \vec{e}_1^{\,t} = \cos\theta c \cos\omega_1 \vec{e}_1 + \cos\theta\sin\omega_1 \vec{e}_2 - \sin\theta \vec{m} \\ \vec{e}_2^{\,t} = \cos\psi\cos\omega_2 \vec{e}_1 + \cos\psi\cos\omega_2 \vec{e}_2 - \sin\psi \vec{m} \end{cases} \tag{4.24}$$

则
$$\vec{e}_1^{\,t} \cdot \vec{e}_1 = \cos\theta\cos\omega_1$$

又由 $\cos\theta = 1 - \dfrac{1}{2}\theta^2 + \cdots$，$\cos\omega_1 = 1 - \dfrac{1}{2}\omega_1 + \cdots$。

则
$$\vec{e}_1^{\,t} \cdot \vec{e}_1 = 1 - \dfrac{1}{2}\theta^2 - \dfrac{1}{2}\omega_1^2$$

上式略去了转角三次幂，后面将作同样处理，不再说明。

那么式（4.23）变为
$$\varepsilon_\alpha = \dfrac{\vec{U}_\alpha}{A} \cdot \vec{e}_1 + \dfrac{1}{2}\theta^2 + \dfrac{1}{2}\omega_1^2 \tag{4.25}$$

令 $e_\alpha = \dfrac{\vec{U}_\alpha}{A} \cdot \vec{e}_1$（此项相当于线性分析的 α 向应变，这里为线性项）则
$$\varepsilon_\alpha = e_\alpha + \dfrac{1}{2}\theta^2 + \dfrac{1}{2}\omega_1^2 \tag{4.26}$$

对 β 向应变类推式（4.22）得：
$$(1+\varepsilon_\beta)\vec{e}_2^{\,t} = \vec{e}_2 + \dfrac{\vec{U}_\beta}{B} \tag{4.27}$$

类推式（4.26）：
$$\varepsilon_\beta = e_\beta + \dfrac{1}{2}\psi^2 + \dfrac{1}{2}\omega_2^2 \tag{4.28}$$

式中 $e_\beta = \dfrac{\vec{U}_\beta}{B} \cdot \vec{e}_2$——线性项。

再求剪应变：
$$\gamma_{\alpha\beta} = \dfrac{\pi}{2} - <\vec{e}_1^{\,t}, \vec{e}_2^{\,t}>$$

式中 $<\vec{e}_1^{\,t}, \vec{e}_2^{\,t}>$——$\vec{e}_1^{\,t}$ 与 $\vec{e}_2^{\,t}$ 的夹角。

而 $\cos<\vec{e}_1^{\,t}, \vec{e}_2^{\,t}> = \cos\left(\dfrac{\pi}{2} - \gamma_{\alpha\beta}\right) = \sin\gamma_{\alpha\beta} = \gamma_{\alpha\beta}$

又 $\cos<\vec{e}_1^{\,t}, \vec{e}_2^{\,t}> = \vec{e}_1^{\,t} \cdot \vec{e}_2^{\,t}$ 且由式（4.24）：
$$\gamma_{\alpha\beta} = \cos\psi\cos\theta\sin\omega_2 + \cos\psi\cos\theta\sin\omega_2\sin\omega_1 - \sin\psi\sin\theta = \omega_1 + \omega_2 - \psi\theta \tag{4.29}$$

$\gamma_{\alpha\beta}$ 可用余弦定理推出同样结果。

下面求 ω_1、ω_2、θ、ψ。式（4.22）两端乘 $\vec{e}_2$，且由 $\vec{e}_1 \cdot \vec{e}_2 = \omega_1$，则
$$(1+\varepsilon_\alpha)\omega_1 = \dfrac{\vec{U}_\alpha}{A} \cdot \vec{e}_2 \tag{4.30}$$

4.2 加肋柱壳应变状态分析

又 $(1+\varepsilon_\alpha)\omega_1 = \omega_1 + \omega_2\varepsilon_\alpha = \omega_1(1+\varepsilon_\alpha)$,

则 $\omega_1 = \dfrac{\vec{U_\alpha}}{A} \cdot \vec{e_2} \dfrac{1}{1+e_\alpha} = \dfrac{\vec{U_\alpha}}{A} \cdot \vec{e_2}(1 - e_\alpha + e_\alpha^2 + \cdots)$

令 $\vec{\omega_1} = \dfrac{\vec{U_\alpha}}{A} \cdot \vec{e_2}$ （相当于线性分析对应项），则

$$\omega_1 = \vec{\omega_1}(1 - e_\alpha) \tag{4.31}$$

又由式 (4.22) 两端乘 $\vec{m}$，且注意 $\vec{e_1^t} \cdot \vec{m} = -\theta$，则得:

$$\theta = -\vec{\theta}(1 - e_\alpha) \tag{4.32}$$

式中: $\vec{\theta} = \dfrac{\vec{U_\alpha}}{A} \cdot \vec{m}$。

类推式 (4.31):

$$\omega_2 = \vec{\omega_2}(1 - e_\beta) \tag{4.33}$$

式中: $\vec{\omega_2} = \dfrac{\vec{U_\beta}}{B} \cdot \vec{e_1}$。

再推出 ψ 表达式: 式 (4.27) 两端乘 $\vec{m}$，且注意 $\vec{e_2^t} \cdot \vec{m} = \sin\psi = \psi$。

则得: $(1+\varepsilon_\beta)\psi = \dfrac{\vec{U_\beta}}{B} \cdot \vec{m}$

又 $(1+\varepsilon_\beta)\psi = (1+e_\beta)\psi$

则 $\psi = \dfrac{\vec{U_\beta}}{B} \cdot \vec{m}\left(1 + \dfrac{1}{1+e_\beta}\right) = \dfrac{\vec{U_\beta}}{B} \cdot \vec{m}(1 - e_\beta + e_\beta^2 - \cdots) = \dfrac{\vec{U_\beta}}{B} \cdot \vec{m}(1 - e_\beta)$

令 $\vec{\psi} = \dfrac{\vec{U_\beta}}{B} \cdot \vec{m}$

则 $$\psi = \vec{\psi}(1 - e_\beta) \tag{4.34}$$

$$\begin{aligned}\gamma_{\alpha\beta} &= \omega_1 + \omega_2 - \psi\theta \\ &= \dfrac{\vec{U_\alpha}}{A} \cdot \vec{e_2} + \dfrac{\vec{U_\beta}}{B} \cdot \vec{e_1} + \dfrac{(\vec{U_\alpha} \cdot \vec{m})}{A}\dfrac{(\vec{U_\beta} \cdot \vec{m})}{B} \\ &\quad - e_\alpha\dfrac{(\vec{U_\alpha} \cdot \vec{e_2})}{A} - e_\beta\dfrac{(\vec{U_\beta} \cdot \vec{e_1})}{B}\end{aligned} \tag{4.35}$$

为了用 u、v、w 表示 ε_α、ε_β、$\gamma_{\alpha\beta}$，需要求出 $\vec{U_\alpha}$、$\vec{U_\beta}$，由式 (4.16):

$$\vec{U_\alpha} = \dfrac{\partial u}{\partial \alpha} \cdot \vec{e_1} + u\dfrac{\partial \vec{e_1}}{\partial \alpha} + v\dfrac{\partial \vec{e_2}}{\partial \alpha} + \dfrac{\partial w}{\partial \alpha} \cdot \vec{m} + w\dfrac{\partial \vec{m}}{\partial \alpha} \tag{4.36}$$

$$\vec{U_\beta} = \dfrac{\partial u}{\partial \beta} \cdot \vec{e_1} + u\dfrac{\partial \vec{e_1}}{\partial \beta} + v\dfrac{\partial \vec{e_2}}{\partial \beta} + \dfrac{\partial w}{\partial \beta} \cdot \vec{m} + w\dfrac{\partial \vec{m}}{\partial \beta} \tag{4.37}$$

由微分几何理论，活动标架单位矢量的偏导数:

$$\begin{cases}\dfrac{\partial \vec{e_1}}{\partial \alpha}=-\dfrac{1}{B}\dfrac{\partial A}{\partial \beta}\cdot\vec{e_2}-\dfrac{A}{R_1}\cdot\vec{m}\\[4pt]\dfrac{\partial \vec{e_2}}{\partial \alpha}=\dfrac{1}{B}\dfrac{\partial A}{\partial \beta}\cdot\vec{e_1}\\[4pt]\dfrac{\partial \vec{m}}{\partial \alpha}=\dfrac{A}{R_1}\cdot\vec{e_1}\\[4pt]\dfrac{\partial \vec{e_1}}{\partial \beta}=\dfrac{1}{A}\dfrac{\partial B}{\partial \alpha}\cdot\vec{e_2}\\[4pt]\dfrac{\partial \vec{e_2}}{\partial \beta}=-\dfrac{1}{A}\dfrac{\partial B}{\partial \alpha}\cdot\vec{e_1}-\dfrac{B}{R_2}\cdot\vec{m}\\[4pt]\dfrac{\partial \vec{m}}{\partial \beta}=\dfrac{B}{R_2}\cdot\vec{e_2}\end{cases} \quad (4.38)$$

将式（4.38）代入式（4.36）、式（4.37）得：

$$\vec{U}_\alpha=\left(\dfrac{\partial u}{\partial \alpha}+\dfrac{v}{B}\dfrac{\partial A}{\partial \beta}+A\dfrac{w}{R_1}\right)\cdot\vec{e}_1+\left(\dfrac{\partial v}{\partial \alpha}-\dfrac{u}{B}\dfrac{\partial A}{\partial \beta}\right)\vec{e}_2+\left(\dfrac{\partial w}{\partial \alpha}-A\dfrac{u}{R_1}\right)\vec{m} \quad (4.39)$$

$$\vec{U}_\beta=\left(\dfrac{\partial u}{\partial \beta}-\dfrac{v}{A}\dfrac{\partial B}{\partial \alpha}\right)\cdot\vec{e}_1+\left(\dfrac{\partial v}{\partial \beta}+\dfrac{u}{A}\cdot\dfrac{\partial B}{\partial \alpha}+B\dfrac{w}{R_2}\right)\vec{e}_2+\left(\dfrac{\partial w}{\partial \beta}-B\dfrac{v}{R_2}\right)\vec{m} \quad (4.40)$$

那么：

$$e_\alpha=\dfrac{\vec{U}_\alpha}{A}\cdot\vec{e}_1=\left(\dfrac{1}{A}\dfrac{\partial u}{\partial \alpha}+\dfrac{v}{AB}\dfrac{\partial A}{\partial \beta}+\dfrac{w}{R_1}\right) \quad (4.41)$$

$$e_\beta=\dfrac{\vec{U}_\beta}{B}\cdot\vec{e}_2=\left(\dfrac{1}{B}\dfrac{\partial v}{\partial \beta}+\dfrac{u}{AB}\dfrac{\partial B}{\partial \alpha}+\dfrac{w}{R_2}\right) \quad (4.42)$$

$$\bar{\omega}_1=\dfrac{\vec{U}_\alpha}{A}\cdot\vec{e}_2=\left(\dfrac{1}{A}\dfrac{\partial v}{\partial \alpha}-\dfrac{u}{AB}\dfrac{\partial A}{\partial \beta}\right) \quad (4.43)$$

$$\bar{\omega}_2=\dfrac{\vec{U}_\beta}{B}\cdot\vec{e}_1=\left(\dfrac{1}{B}\dfrac{\partial u}{\partial \beta}-\dfrac{v}{AB}\dfrac{\partial B}{\partial \alpha}\right) \quad (4.44)$$

$$\bar{\theta}=\dfrac{\vec{U}_\alpha}{A}\cdot\vec{m}=-\left(\dfrac{u}{R_1}-\dfrac{1}{A}\dfrac{\partial w}{\partial \alpha}\right) \quad (4.45)$$

$$\bar{\psi}=\dfrac{\vec{U}_\beta}{B}\cdot\vec{m}=\left(-\dfrac{v}{R_2}+\dfrac{1}{B}\dfrac{\partial w}{\partial \beta}\right) \quad (4.46)$$

这时 ω_1、ω_2、θ、ψ 也完全由 u、v、w 表示出来，并将这些表达式代入式（4.26）、式（4.28）和式（4.29）得：

$$\varepsilon_\alpha=\left(\dfrac{1}{A}\dfrac{\partial u}{\partial \alpha}+\dfrac{v}{AB}\dfrac{\partial A}{\partial \beta}+\dfrac{w}{R_1}\right)+\dfrac{1}{2}\left[\left(\dfrac{u}{R_1}-\dfrac{1}{A}\dfrac{\partial w}{\partial \alpha}\right)^2+\left(\dfrac{1}{A}\dfrac{\partial v}{\partial \alpha}-\dfrac{u}{AB}\dfrac{\partial A}{\partial \beta}\right)^2\right] \quad (4.47)$$

$$\varepsilon_\beta=\left(\dfrac{1}{B}\dfrac{\partial v}{\partial \beta}+\dfrac{u}{AB}\dfrac{\partial B}{\partial \alpha}+\dfrac{w}{R_2}\right)+\dfrac{1}{2}\left[\left(\dfrac{v}{R_2}-\dfrac{1}{B}\dfrac{\partial w}{\partial \beta}\right)^2+\left(\dfrac{1}{B}\dfrac{\partial u}{\partial \beta}-\dfrac{v}{AB}\dfrac{\partial B}{\partial \alpha}\right)^2\right] \quad (4.48)$$

$$\gamma_{\alpha\beta} = \left(\frac{1}{A}\frac{\partial v}{\partial \alpha} - \frac{u}{AB}\frac{\partial A}{\partial \beta}\right) + \left(\frac{1}{B}\frac{\partial u}{\partial \beta} - \frac{v}{AB}\frac{\partial B}{\partial \alpha}\right) - \frac{1}{AB}\left[\left(\frac{\partial u}{\partial \alpha} + \frac{v}{B}\frac{\partial A}{\partial \beta} + B\frac{w}{R_1}\right)\left(\frac{B\partial v}{A\partial \alpha} - \frac{u\partial A}{B\partial \beta}\right)\right.$$
$$\left. + \left(\frac{A\partial u}{B\partial \beta} - \frac{v\partial B}{B\partial \alpha}\right)\left(\frac{\partial v}{\partial \beta} + \frac{u}{A}\frac{\partial B}{\partial \alpha} + B\frac{w}{R_2}\right) - \left(\frac{\partial w}{\partial \alpha} - A\frac{u}{R_1}\right)\left(\frac{\partial w}{\partial \alpha} - B\frac{u}{R_1}\right)\right] \tag{4.49}$$

本书在略去高阶微量的情况下推出薄壳中面应变公式，这些公式除基本假定外，没有其他任何近似。公式保留了转角的二次幂，使得转角、位移较大时仍适用。公式是从一般壳体推出，对特殊壳体（柱壳、锥壳等旋转壳）也适用。

5. 等距曲面的几何方程

与中面保持距离为 z 的曲面即为等距曲面。设等距曲面上某点 Lame 系数为 A_z、B_z，主曲率半径为 R_1^Z、R_2^Z，任一点位移为 u_z、v_z、w_z，让这些量对应地代替中面应变公式中的量即得等距曲面的应变公式。并注意等距曲面与中面上的关系式：$A_Z = A(1 + Z/R_1)$，$B_Z = B(1 + Z/R_2)$，$R_1^Z = R_1 + Z$，$R_2^Z = R_2 + Z$，$u_z = u + z\theta$，$v_z = v - \varphi z$，$R_1^Z = R_1 + Z$，$w_z = w$。这些关系式代入式（4.47）、式（4.48）、式（4.49），整理后得等距曲面上的应变公式：

$$\varepsilon_\alpha^z = \varepsilon_\alpha + zk_2, \varepsilon_\beta^z = \varepsilon_\beta + zk_2, \gamma_{\alpha\beta}^z = \gamma_{\alpha\beta} + 2z\chi \tag{4.50}$$

$$k_1 = \frac{1}{A}\frac{\partial}{\partial \alpha}\left(\frac{u}{R_1}\right) + \frac{1}{AB}\left(\frac{\partial A}{\partial \beta}\frac{v}{R_2}\right) - \frac{1}{A}\frac{\partial}{\partial \alpha}\left(\frac{1}{A}\frac{\partial w}{\partial \alpha}\right) - \frac{1}{AB^2}\frac{\partial A}{\partial \beta}\frac{\partial w}{\partial \beta} - \frac{\varepsilon_\alpha}{R_1} \tag{4.51}$$

$$k_2 = \frac{1}{B}\frac{\partial}{\partial \beta}\left(\frac{v}{R_2}\right) + \frac{1}{AB}\left(\frac{\partial B}{\partial \alpha}\frac{u}{R_1}\right) - \frac{1}{B}\frac{\partial}{\partial \alpha}\left(\frac{1}{A}\frac{\partial w}{\partial \beta}\right) - \frac{1}{AB^2}\frac{\partial B}{\partial \alpha}\frac{\partial w}{\partial \alpha} - \frac{\varepsilon_\beta}{R_2} \tag{4.52}$$

$$\chi = \frac{1}{R_1}\frac{A}{B}\frac{\partial}{\partial \beta}\left(\frac{u}{A}\right) + \frac{1}{R_2}\frac{B}{A}\frac{\partial}{\partial \alpha}\left(\frac{v}{B}\right) - \frac{1}{AB}\left(\frac{\partial^2 w}{\partial \alpha \partial \beta} - \frac{1}{A}\frac{\partial A}{\partial \beta}\frac{\partial w}{\partial \alpha} - \frac{1}{B}\frac{\partial B}{\partial \alpha}\frac{\partial w}{\partial \beta}\right)$$
$$- \frac{1}{2}\left(\frac{1}{R_1} - \frac{2}{R_2}\right)\gamma_{\alpha\beta} \tag{4.53}$$

上面三式的最后一项是应变对曲率 k_1、k_2 和扭率 χ 的影响值。最大值分别为：$\frac{\varepsilon_\alpha}{R_1}\frac{h}{2}$、$\frac{\varepsilon_\beta}{R_2}\frac{h}{2}$、$\pm\frac{1}{2}\left(\frac{1}{R_1} + \frac{1}{R_2}\right)\gamma_{\alpha\beta}$。它们与 ε_α、ε_β、$\gamma_{\alpha\beta}$ 相比是 $h/R_{\min}$ 的量级，可省略。这些误差也未超过基本假设引起的误差，省略后的 k_1、k_2、χ 变为 k_1^*、k_2^*、χ^*，则

$$\begin{cases} \varepsilon_\alpha^z = \varepsilon_\alpha + k_1^* z \\ \varepsilon_\beta^z = \varepsilon_\beta + k_2^* z \\ \gamma_{\alpha\beta}^z = \gamma_{\alpha\beta} + 2\chi^* z \end{cases} \tag{4.54}$$

$z = 0$ 时，退化到中面应变式。

4.2.2.2 带初始几何缺陷的薄壳几何方程

对初始缺陷的描述是：缺陷由初始位移 u^0、v^0、w^0 引起。本书用 $[^0\varepsilon]$ 表示初始位移对应的应变影响量，用 $[^t\varepsilon]$ 表示总位移对应的应变，即：$^t u = u^0 + u$，$^t v = v^0 + v$，$^t w = w^0 + w$。用 $[\varepsilon]$ 表示 u^0、v^0、w^0 基础上产生 u、v、w 后产生的变形，对任一点，设：

$$[{}^0\varepsilon^z] = \begin{bmatrix} {}^0\varepsilon_\alpha^z \\ {}^0\varepsilon_\beta^z \\ {}^0\gamma_{\alpha\beta}^z \end{bmatrix}, \quad [{}^t\varepsilon^z] = \begin{bmatrix} {}^t\varepsilon_\alpha^z \\ {}^t\varepsilon_\beta^z \\ {}^t\gamma_{\alpha\beta}^z \end{bmatrix}, \quad [\hat{\varepsilon}^z] = \begin{bmatrix} \hat{\varepsilon}_\alpha^z \\ \hat{\varepsilon}_\beta^z \\ \hat{\gamma}_{\alpha\beta}^z \end{bmatrix} \tag{4.55}$$

$[\hat{\varepsilon}^z]$ 通过分析可以用 $[\hat{\varepsilon}^z] = [{}^t\varepsilon^z] - [{}^0\varepsilon^z]$ 表示。

如图 4.5（a）所示，一坐标方向的一段完善弧：$ds = \widehat{AB}$，经初始几何位移 u^0、v^0、w^0 后到 $\widehat{A'B'} = ds'$ 位置，据沃尔弥尔缺陷理论：在荷载作用下从 $\widehat{A'B'}$ 到 $\widehat{A''B''} = ds''$，产生位移 u、v、w 后形成的应变，可由下面分析得出。

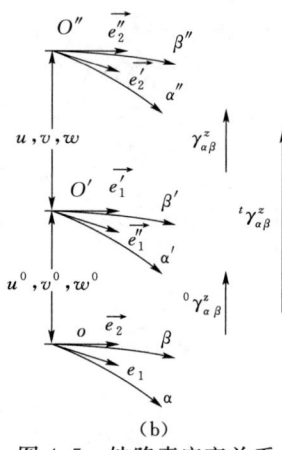

图 4.5 缺陷壳应变关系

若 $\widehat{AB}$ 为 α 向一段弧。则用 Langrage 应变描述，壳上任一点，有：

$$\hat{\varepsilon}_\alpha^z = \frac{ds'' - ds'}{ds'}$$

$$= \frac{(ds'' - ds) - (ds' - ds)}{ds'}$$

$$= \left(\frac{(ds'' - ds)}{ds} - \frac{(ds' - ds)}{ds} \right) \frac{ds}{ds'}$$

令：${}^t\varepsilon_\alpha^z = \frac{ds'' - ds}{ds}$, ${}^0\varepsilon_\alpha^z = \frac{ds' - ds}{ds}$

则

$$\hat{\varepsilon}_\alpha^z = ({}^t\varepsilon_\alpha^z - {}^0\varepsilon_\alpha^z) \frac{ds}{(1 + {}^0\varepsilon_\alpha^z)ds}$$

$$= ({}^t\varepsilon_\alpha^z - {}^0\varepsilon_\alpha^z)[1 - {}^0\varepsilon_\alpha^z + ({}^0\varepsilon_\alpha^z)^2 + \cdots]$$

略去应变二次幂：

$$\hat{\varepsilon}_\alpha^z = {}^t\varepsilon_\alpha^z - {}^0\varepsilon_\alpha^z \tag{4.56}$$

同理：

$$\hat{\varepsilon}_\beta^z = {}^t\varepsilon_\beta^z - {}^0\varepsilon_\alpha^z \tag{4.57}$$

再求 $\hat{\gamma}_{\alpha\beta}^z$，如图 4.5（b）所示。

$$\hat{\gamma}_{\alpha\beta}^z = \angle e_2'o'e_1' - \angle e_2''o''e_1'' = \left(\frac{\pi}{2} - \angle e_2''o''e_1'' \right) - \left(\frac{\pi}{2} - \angle e_2'o'e_1' \right)$$

$$= {}^t\gamma_{\alpha\beta}^z - {}^0\gamma_{\alpha\beta}^z \tag{4.58}$$

将式（4.56）、式（4.57）、式（4.58）写成列阵形式，即

$$[\hat{\varepsilon}^z] = [{}^t\varepsilon_\alpha^z] - [{}^0\varepsilon_\alpha^z] \tag{4.59}$$

式中 t——位移 ${}^tu = u^0 + u$、${}^tv = v^0 + v$、${}^tw = w^0 + w$ 对应的位移状态；

0——u^0、v^0、w^0 对应的状态；

无对应标志表示 u、v、w 对应的位移状态。

对式 (4.31)，利用式 (4.27) 可得：

$$[\hat{\varepsilon}^z] = \begin{bmatrix} e_\alpha \\ e_\beta \\ \bar{\omega}_1 + \bar{\omega}_2 \end{bmatrix} + \frac{1}{2} \begin{bmatrix} \overline{\theta^2 + \bar{\omega}_1^2} \\ \overline{\bar{\psi} + \bar{\omega}_2^2} \\ 2(\overline{\bar{\psi}\bar{\theta}} - e_\alpha \bar{\omega}_1 - e_\beta \bar{\omega}_2) \end{bmatrix}$$

$$+ \begin{bmatrix} {}^0\bar{\theta}\,\bar{\theta} + {}^0\bar{\omega}_1 \bar{\omega}_1 \\ {}^0\bar{\psi}\,\bar{\psi} + {}^0\bar{\omega}_2 \bar{\omega}_2 \\ ({}^0\bar{\psi}\,\bar{\theta} + {}^0\bar{\theta}\,\bar{\psi}) - ({}^0 e_\alpha \bar{\omega}_1 + {}^0 e_\alpha \bar{\omega}_1 + e_\beta {}^0\bar{\omega}_2 + e_\beta \bar{\omega}_2) \end{bmatrix} + Z \begin{bmatrix} k_1^* \\ k_2^* \\ 2\chi^* \end{bmatrix}$$

$$\stackrel{\text{简记}}{=} \begin{bmatrix} \varepsilon_\alpha \\ \varepsilon_\beta \\ \gamma_{\alpha\beta} \end{bmatrix} + \begin{bmatrix} \varepsilon_{\alpha q} \\ \varepsilon_{\beta q} \\ \gamma_{\alpha\beta q} \end{bmatrix} + Z \begin{bmatrix} k_1^* \\ k_2^* \\ 2\chi^* \end{bmatrix} \stackrel{\text{简记}}{=} \begin{bmatrix} \hat{\varepsilon}_\alpha \\ \hat{\varepsilon}_\beta \\ \hat{\gamma}_{\alpha\beta} \end{bmatrix} + Z \begin{bmatrix} k_1^* \\ k_2^* \\ 2\chi^* \end{bmatrix} \quad (4.60)$$

$z=0$ 时，退化到中面上的缺陷应变式：

$$[\hat{\varepsilon}^z] = \begin{bmatrix} \hat{\varepsilon}_\alpha \\ \hat{\varepsilon}_\beta \\ \hat{\gamma}_{\alpha\beta} \end{bmatrix} = \begin{bmatrix} \varepsilon_\alpha \\ \varepsilon_\beta \\ \gamma_{\alpha\beta} \end{bmatrix} + \begin{bmatrix} \varepsilon_{\alpha q} \\ \varepsilon_{\beta q} \\ \gamma_{\alpha\beta q} \end{bmatrix} \stackrel{\text{简记}}{=} [\varepsilon] + [\varepsilon_q] \quad (4.61)$$

缺陷状态下几何方程式 (4.60) 与式 (4.61) 中，几何缺陷的初始位移为零时，退化成完善壳的对应应变式。当然板结构的对应公式也可退化出来，而所有对应的线性应变式只需退化掉非线性项即可。

4.2.2.3 具有初始缺陷的柱壳几何方程

为了确定柱壳的几何方程在柱壳中面上建立活动标架：$\bar{e}_1$、$\bar{e}_2$、$\bar{e}_3$。$\bar{e}_1$ 沿圆周切向，$\bar{e}_2$ 沿母线方向，$\bar{e}_3$ 沿法线方向，3 个方向位移分别为 u、v、w。则由式 (4.61) 退化到柱壳状态时，设柱壳半径为 R，厚度为 t，则 $A=R$，$B=1$，$\alpha=\phi$，$\beta=z$，γ 为壳厚方向坐标图。

线性项：

$$\{\varepsilon_l\} = \begin{Bmatrix} e_\alpha \\ e_\beta \\ \overline{\omega_1 + \omega_2} \end{Bmatrix} = \begin{Bmatrix} \dfrac{1}{R}\dfrac{\partial u}{\partial \alpha} + \dfrac{w}{R} \\ \dfrac{\partial v}{\partial \beta} \\ \dfrac{\partial u}{\partial \beta} + \dfrac{1}{R}\dfrac{\partial v}{\partial \alpha} \end{Bmatrix} = \begin{bmatrix} \dfrac{1}{R}\dfrac{\partial}{\partial \phi} & 0 & \dfrac{1}{R} \\ 0 & \dfrac{\partial}{\partial z} & 0 \\ \dfrac{\partial}{\partial z} & \dfrac{1}{R}\dfrac{\partial}{\partial \phi} & 0 \end{bmatrix} \begin{Bmatrix} u \\ v \\ w \end{Bmatrix}_S = [L_l][u]_S$$

缺陷影响项：

$$\{\varepsilon_q^0\} = \left\{\begin{array}{c} \dfrac{1}{R^2}\dfrac{\partial w}{\partial \alpha}\dfrac{\partial w^0}{\partial \alpha} \\[2mm] \dfrac{\partial w}{\partial \beta}\dfrac{\partial w^0}{\partial \beta} \\[2mm] \dfrac{1}{R}\left(\dfrac{\partial w^0}{\partial \beta}\dfrac{\partial w}{\partial \alpha} + \dfrac{\partial w}{\partial \beta}\dfrac{\partial w^0}{\partial \alpha}\right) \end{array}\right\} = \begin{bmatrix} 0 & 0 & \dfrac{1}{R^2}\dfrac{\partial w^0}{\partial \phi}\dfrac{\partial}{\partial \phi} \\[2mm] 0 & 0 & \dfrac{\partial w^0}{\partial Z}\dfrac{\partial}{\partial Z} \\[2mm] 0 & 0 & \dfrac{1}{R}\left(\dfrac{\partial w^0}{\partial \phi}\dfrac{\partial}{\partial Z} + \dfrac{\partial w^0}{\partial Z}\dfrac{\partial}{\partial \phi}\right) \end{bmatrix} \begin{bmatrix} u \\ v \\ w \end{bmatrix}_S$$

$$= [L_q][u]_S$$

非线性影响项：

$$\{\varepsilon_n\} = \left\{\begin{array}{c} \dfrac{1}{2R^2}\left[\left(u^2 - \dfrac{\partial w}{\partial \phi}u\right) + \left(\dfrac{\partial v}{\partial \phi}\right)^2 + \left(\dfrac{\partial w}{\partial \phi}\right)^2\right] \\[2mm] \dfrac{1}{2}\left[\left(\dfrac{\partial u}{\partial Z}\right)^2 + \left(\dfrac{\partial w}{\partial Z}\right)^2\right] \\[2mm] -\dfrac{1}{R}\left(\dfrac{1}{R}\dfrac{\partial v}{\partial \phi}\dfrac{\partial u}{\partial \phi} + \dfrac{\partial w}{\partial Z}u + R\dfrac{\partial u}{\partial Z}\dfrac{\partial v}{\partial Z} + \dfrac{1}{R}\dfrac{\partial v}{\partial \phi}w + \dfrac{\partial w}{\partial \phi}\dfrac{\partial w}{\partial Z}\right) \end{array}\right\}$$

$$= \begin{bmatrix} \dfrac{1}{2R^2}\left(u - \dfrac{\partial w}{\partial \phi}\right) & \dfrac{1}{2R^2}\dfrac{\partial v}{\partial \phi}\dfrac{\partial}{\partial \phi} & \dfrac{1}{2R^2}\dfrac{\partial w}{\partial \phi}\dfrac{\partial}{\partial \phi} \\[2mm] \dfrac{1}{2}\dfrac{\partial u}{\partial Z}\dfrac{\partial}{\partial Z} & 0 & \dfrac{1}{2}\dfrac{\partial w}{\partial Z}\dfrac{\partial w}{\partial Z} \\[2mm] -\dfrac{1}{R}\left(\dfrac{1}{R}\dfrac{\partial v}{\partial \phi}\dfrac{\partial}{\partial \phi} + \dfrac{\partial w}{\partial Z}\right) & -\dfrac{\partial u}{\partial Z}\dfrac{\partial (v)}{\partial Z} & -\left(\dfrac{1}{R^2}\dfrac{\partial v}{\partial \phi} + \dfrac{1}{R}\dfrac{\partial w}{\partial \phi}\dfrac{\partial}{\partial Z}\right) \end{bmatrix} \begin{bmatrix} u \\ v \\ w \end{bmatrix}_S$$

$$= [L_n]\{u\}_S$$

曲率、扭率项：

$$[x] = \left\{\begin{array}{c} R_1 \\ R_2 \\ 2x \end{array}\right\} = \left\{\begin{array}{c} \dfrac{1}{R^2}\dfrac{\partial u}{\partial \phi} - \dfrac{1}{R^2}\dfrac{\partial^2 w}{\partial \phi^2} \\[2mm] -\dfrac{\partial^2 w}{\partial Z^2} \\[2mm] \dfrac{2}{R}\dfrac{\partial u}{\partial Z} - \dfrac{2}{R}\dfrac{\partial^2 w}{\partial \phi \partial Z} \end{array}\right\} = \begin{bmatrix} \dfrac{1}{R^2}\dfrac{\partial}{\partial \phi} & 0 & -\dfrac{1}{R^2}\dfrac{\partial^2}{\partial \phi^2} \\[2mm] 0 & 0 & -\dfrac{\partial^2}{\partial Z^2} \\[2mm] \dfrac{2}{R}\dfrac{\partial}{\partial Z} & 0 & -\dfrac{2}{R}\dfrac{\partial^2}{\partial \phi \partial Z} \end{bmatrix} \left\{\begin{array}{c} u \\ v \\ w \end{array}\right\}_S = [L_x]\{u\}_S$$

令中面应变为

$$\{\varepsilon\} = \{\varepsilon_l\} + \gamma\{x\}$$

所以：

$$\{\hat{\varepsilon}\}_S = \{\varepsilon_l\} + \gamma[x] + \{\varepsilon_q\} + \{\varepsilon_n\} = \{\varepsilon\} + \{\varepsilon_q\} + \{\varepsilon_n\}$$
$$= [[L_l] + \gamma[L_x] + [L_q] + [L_n]]\{u\}_S$$

令 $[L] = [L_l] + \gamma[L_x]$ 为线性算子。

则

$$\{\hat{\varepsilon}\} = [[L] + [L_q] + [L_n]]\{u\}_S \tag{4.62}$$

上述 3 项依次为线性项、缺陷项和非线性项，$\gamma = 0$ 退化为壳中面上的应变。

用式（3.6）拟合壳的形函数 $\{u\}_S = \begin{Bmatrix} u \\ v \\ w \end{Bmatrix}_S$。

令壳中面位移为

$$u = \sum \bar{N}_i u_i, \quad v = \sum \bar{\bar{N}}_i v_i, \quad w = \sum \bar{\bar{\bar{N}}}_i w_i$$

$$\{u\}_S = \begin{Bmatrix} u \\ v \\ w \end{Bmatrix} = \begin{Bmatrix} u^h \\ v^h \\ w^h \end{Bmatrix}$$

$$= \begin{bmatrix} N_1 & 0 & 0 & N_2 & 0 & 0 & N_3 & 0 & 0 & \cdots & N_K & 0 & 0 \\ 0 & N_1 & 0 & 0 & N_2 & 0 & 0 & N_3 & 0 & 0 & \cdots & N_K & 0 \\ 0 & 0 & N_1 & 0 & 0 & N_2 & 0 & 0 & N_3 & 0 & 0 & \cdots & N_K \end{bmatrix} \begin{Bmatrix} u_1 \\ v_1 \\ w_1 \\ u_2 \\ v_2 \\ w_2 \\ \vdots \\ u_K \\ v_K \\ w_K \end{Bmatrix}$$

$$= [[N_1] \quad [N_2] \quad \cdots \quad [N_K]] \{\delta\}_S = [N]\{\delta\}_S \tag{4.63}$$

代入式（4.62）得：

$$\{\hat{\varepsilon}\} = [[L][N] + [L_q][N] + [L_n][N]]\{u\}_S$$
$$= [[B_l] + [B_q] + [B]_n]\{\delta\}_S = [B]_S\{\delta\}_S$$

其中：

$$[B_l] = [L][N] = [L][[N_1][N_2][N_3]\cdots[N_K]]$$
$$= [[L][N_1] \ [L][N_2] \ [L][N_3] \cdots [L][N_K]]$$
$$= [[B_{1l}] \ [B_{2l}] \ [B_{3l}] \cdots [B_{il}] \cdots [B_{Kl}]]$$

$$B_{il} = [L][N_i] = [[L_l] + \gamma[x]][N_i]$$

$$= \begin{bmatrix} \begin{bmatrix} \frac{1}{R}\frac{\partial}{\partial \phi} & 0 & \frac{1}{R} \\ 0 & \frac{\partial}{\partial Z} & 0 \\ \frac{\partial}{\partial Z} & \frac{1}{R}\frac{\partial}{\partial \phi} & 0 \end{bmatrix} + \gamma \begin{bmatrix} \frac{1}{R^2}\frac{\partial}{\partial \phi} & 0 & -\frac{1}{R^2}\frac{\partial^2}{\partial \phi^2} \\ 0 & 0 & -\frac{\partial^2}{\partial Z^2} \\ \frac{2}{R}\frac{\partial}{\partial Z} & 0 & -\frac{2}{R}\frac{\partial^2}{\partial \phi \partial Z} \end{bmatrix} \end{bmatrix} \begin{bmatrix} N_i & 0 & 0 \\ 0 & N_i & 0 \\ 0 & 0 & N_i \end{bmatrix}$$

$$= \begin{bmatrix} \dfrac{1}{R}N_{i,\phi} & 0 & \dfrac{N_i}{R} \\ 0 & N_{i,Z} & 0 \\ N_{i,Z} & \dfrac{1}{R}N_{i,\phi} & 0 \end{bmatrix} + \gamma \begin{bmatrix} \dfrac{1}{R^2}N_{i,\phi} & 0 & -\dfrac{1}{R^2}N_{i,\phi\phi} \\ 0 & 0 & -N_{i,ZZ} \\ \dfrac{2}{R}N_{i,Z} & 0 & -\dfrac{2}{R}N_{i,\phi Z} \end{bmatrix}$$

$$= \begin{bmatrix} \dfrac{1}{R}N_{i,\phi} + \dfrac{\gamma}{R^2}N_{i,\phi} & 0 & \dfrac{N_i}{R} - \dfrac{\gamma}{R^2}N_{i,\phi\phi} \\ 0 & N_{i,Z} & -\gamma N_{i,ZZ} \\ N_{i,Z} + \dfrac{2\gamma}{R}N_{i,Z} & \dfrac{1}{R}N_{i,\phi} & -\dfrac{2\gamma}{R}N_{i,\phi Z} \end{bmatrix}$$

$$[B_q] = [L_q][N] = [[B_{1q}] \ [B_{2q}] \cdots [B_{iq}] \cdots [B_{iK}]]$$

其中：

$$[B_{iq}] = \begin{bmatrix} 0 & 0 & \dfrac{1}{R^2}\dfrac{\partial w^0}{\partial \phi}\dfrac{\partial}{\partial \phi} \\ 0 & 0 & \dfrac{\partial w^0}{\partial Z}\dfrac{\partial}{\partial Z} \\ 0 & 0 & \dfrac{1}{R}\left(\dfrac{\partial w^0}{\partial \phi}\dfrac{\partial w}{\partial Z} + \dfrac{\partial w^0}{\partial Z}\dfrac{\partial}{\partial \phi}\right) \end{bmatrix} \begin{bmatrix} N_i & 0 & 0 \\ 0 & N_i & 0 \\ 0 & 0 & N_i \end{bmatrix}$$

$$= \begin{bmatrix} 0 & 0 & \dfrac{1}{R^2}\dfrac{\partial w^0}{\partial \phi}N_{i,\phi} \\ 0 & 0 & \dfrac{\partial w^0}{\partial Z}N_{i,Z} \\ 0 & 0 & \dfrac{1}{R}\left(\dfrac{\partial w^0}{\partial \phi}N_{i,Z} + \dfrac{\partial w^0}{\partial Z}N_{i,\phi}\right) \end{bmatrix}$$

$$[B_n] = [L_n][N] = [[B_{1n}] \ [B_{2n}] \cdots [B_{in}] \cdots [B_{Kn}]]$$

其中：

$$[B_{in}] = \begin{bmatrix} \dfrac{1}{2R^2}\left[\left(u - \dfrac{\partial w}{\partial \phi}\right)\right] & \dfrac{1}{2R^2}\dfrac{\partial v}{\partial \phi}\dfrac{\partial}{\partial \phi} & \dfrac{1}{2R^2}\dfrac{\partial w}{\partial \phi}\dfrac{\partial}{\partial \phi} \\ \dfrac{1}{2}\dfrac{\partial u}{\partial Z}\dfrac{\partial}{\partial Z} & 0 & \dfrac{1}{2}\dfrac{\partial w}{\partial Z}\dfrac{\partial}{\partial Z} \\ -\dfrac{1}{R}\left(\dfrac{1}{R}\dfrac{\partial v}{\partial \phi}\dfrac{\partial}{\partial \phi} + \dfrac{\partial w}{\partial Z}\right) & -\dfrac{\partial u}{\partial Z}\dfrac{\partial}{\partial Z} & -\left(\dfrac{1}{R^2}\dfrac{\partial v}{\partial \phi} + \dfrac{1}{R}\dfrac{\partial w}{\partial \phi}\dfrac{\partial}{\partial Z}\right) \end{bmatrix} \begin{bmatrix} N_i & 0 & 0 \\ 0 & N_i & 0 \\ 0 & 0 & N_i \end{bmatrix}$$

$$= \begin{bmatrix} \dfrac{1}{2R^2}\left(u - \dfrac{\partial w}{\partial \phi}\right)N_i & \dfrac{1}{2R^2}\dfrac{\partial v}{\partial \phi}N_{i,\phi} & \dfrac{1}{2R^2}\dfrac{\partial w}{\partial \phi}N_{i,\phi} \\ \dfrac{1}{2}\dfrac{\partial u}{\partial Z}N_{i,Z} & 0 & \dfrac{1}{2}\dfrac{\partial w}{\partial Z}N_{i,Z} \\ -\dfrac{1}{R}\left(\dfrac{1}{R}\dfrac{\partial v}{\partial \phi}N_{i,\phi} + \dfrac{\partial w}{\partial Z}N_i\right) & -\dfrac{\partial u}{\partial Z}N_{i,Z} & -\left(\dfrac{1}{R^2}\dfrac{\partial v}{\partial \phi}N_i + \dfrac{1}{R}\dfrac{\partial w}{\partial \phi}N_{i,Z}\right) \end{bmatrix}$$

$$= \begin{bmatrix} \dfrac{N_i}{2R^2}\left[\sum_{j=1}^{M}(N_j u_j - N_{j,\phi}w_j)\right] & \dfrac{N_{i,\phi}}{2R^2}\sum_{j=1}^{M}N_{j,\phi} & \dfrac{N_{i,\phi}}{2R^2}\sum_{j=1}^{M}N_{j,\phi}w_j \\ \dfrac{N_{i,z}}{2}\sum_{j=1}^{M}N_{i,z}u_i & 0 & \dfrac{N_{i,z}}{2}\sum_{j=1}^{M}N_{j,z}u_i \\ -\dfrac{1}{R}\left(\dfrac{N_{i,\phi}}{R}\sum_{j=1}^{M}N_{j,z}v_j + N_i\sum_{j=1}^{M}N_{j,z}w_j\right) & -N_{i,z}\sum_{j=1}^{M}N_{i,z}u_i & -\left(\dfrac{N_i}{R^2}\sum_{j=1}^{M}N_{j,\phi}v_j + \dfrac{N_{i,z}}{R}\sum_{j=1}^{M}N_{j,\phi}w_j\right) \end{bmatrix}$$

4.3 肋壳物理方程

1. 肋的物理方程

$$[\sigma]_R = \begin{Bmatrix} \sigma_s \\ \tau_{rt} \end{Bmatrix} = [D]_R \{\varepsilon\}_R = [D]_R \{\varepsilon\}_R = [D]_R [B]_R \{\delta\}_R \tag{4.64}$$

其中：$[D]_R = \begin{bmatrix} E & 0 \\ 0 & G \end{bmatrix}$，$G = \dfrac{E}{2(1+u)}$

2. 壳的物理方程

$$\{\sigma\}_S = \begin{Bmatrix} \sigma_\phi \\ \sigma_z \\ \tau_{\phi z} \end{Bmatrix} = [D]_S [B]_S [\varepsilon]_S \tag{4.65}$$

其中：$[D]_S = \dfrac{E}{1-u^2}\begin{bmatrix} 1 & u & 0 \\ u & 1 & 0 \\ 0 & 0 & \dfrac{1-u}{2} \end{bmatrix}$

4.4 柱壳应变状态分析

本书推导了薄壳任意初始几何缺陷的非线性几何方程，可退化出无缺陷、无几何非线性等任何形态的壳。对柱壳省略高阶微量后：

$$[\varepsilon]_S = \begin{Bmatrix} \dfrac{w}{R} - \dfrac{z}{R^2}\dfrac{\partial^2 w}{\partial \phi^2} \\ -z\dfrac{\partial^2 w}{\partial y^2} \\ \dfrac{z}{R}\dfrac{\partial^2 w}{\partial \phi \partial y} \end{Bmatrix} + \begin{Bmatrix} \dfrac{1}{R^2}\dfrac{\partial w}{\partial \phi}\dfrac{\partial w^0}{\partial \phi} \\ \dfrac{\partial w}{\partial y}\dfrac{\partial w^0}{\partial y} \\ \dfrac{1}{R}\left(\dfrac{\partial w^0}{\partial y}\dfrac{\partial w}{\partial \phi} + \dfrac{\partial w}{\partial \phi}\dfrac{\partial w^0}{\partial y}\right) \end{Bmatrix} + \begin{Bmatrix} \dfrac{1}{2}\left(\dfrac{1}{R}\dfrac{\partial w}{\partial \phi}\right)^2 \\ \dfrac{1}{2}\left(\dfrac{\partial w}{\partial y}\right)^2 \\ \dfrac{1}{R}\dfrac{\partial w}{\partial \phi}\dfrac{\partial w}{\partial y} \end{Bmatrix}$$

$$\overset{\text{简记}}{=} \{\varepsilon_l\}_S + \{\varepsilon^0\}_S + \{\varepsilon_N\}_S \tag{4.66}$$

上述 3 项分为线性项、缺陷项及非线性项，对第二、第三项任意取舍以反应不同的几何变形状态。

4.5 新位移模式的建立

为了消除肋"闭锁"现象及便于薄壳分析，本书采用无单元技术位移模式。这是因为有限元在处理加肋壳时形式复杂，不易构造高阶完备的位移单元，导致一般厚肋（厚壳也是如此）变薄时无法消除"闭锁"，进而产生错误结果，而无单元技术的优点是，不用单元仅用节点，且易于构造高阶的位移模式，这对厚肋与薄壳体都具有重要意义。为此，我们受无单元 Galerkin 法常用的移动最小二乘技术的启发，基于 Shepard 插值及泰勒多项式展开的新技术，精心构造了新的位移模式（第 4 章）。这个新位移模式既克服了移动最小二乘技术无过点拟合的缺点，而且也不需因为求位移模式系数而大量求逆，又便于边界条件处理。这是作者对无单元技术在位移模式上的有力尝试。在式（3.6）中，将 $f(x、y)$ 退化到一维（关于 $x=S$）状态即可描述加劲肋的位移 $W^P(S)$，同时将一维状态的多项式降一阶，可构造剪切变形 $\theta(S)=\theta^{P-1}(S)$，由此便可消除剪切闭锁与薄膜闭锁（具体过程见 5.2 节）。

令 $S=x=\phi R$，则

$$w(S,y)=f(S,y)=[N_1(S,y),N_2(S,y),\cdots,N_m(S,y)]\{f_1,f_2,\cdots,f_m\}^T=[N]\{f\} \tag{4.67}$$

上式降到一维状态：

$$w(S)=w^P(S)=[\bar{N}_1(S),\bar{N}_2(S),\cdots,\bar{N}_m]\{\overline{f_1},\overline{f_2},\cdots,\overline{f_m}\}^T=[\bar{N}]\{\bar{f}\} \tag{4.68}$$

$W(S)$ 再降一阶构造：

$$\theta(S)=\theta^{P-1}(S)=[\bar{q}_1(S),\bar{q}_2(S),\cdots,\bar{q}_m(S)]\{\overline{\theta_1},\overline{\theta_2},\cdots,\overline{\theta_m}\}^T=[\bar{q}]\{\bar{\theta}\} \tag{4.69}$$

上述位移均有过点插值性质，边界条件易于处理，且注意加肋处同一法线上的壳及肋中线上都布点，且二点的法向位移相同，则有 $\{\bar{f}\}\subseteq\{f\}$。

由此可将肋壳的几何方程记成：

$$\{\varepsilon\}_R=[B]_R\begin{Bmatrix}\{\bar{\theta}\}\\\{\bar{f}\}\end{Bmatrix}=[B]_R\{\delta'\} \tag{4.70}$$

$$\{\varepsilon\}_S=\{\varepsilon_L\}_S+\{\varepsilon_N\}_S=\{[B_L]_S+[B_N]_S\}\{f\} \tag{4.71}$$

4.6 离散方程的实现

注意将上述肋壳的位移向量扩充到统一的总向量 $\{\delta\}=\begin{Bmatrix}\bar{\theta}\\f\end{Bmatrix}$，且注意各相应 $[B]$ 阵的扩充，则由变分原理可导出肋壳组合体的变分方程。

$$\int_{V_R}\delta\bar{\varepsilon}_{ij}\bar{\sigma}^{ij}\mathrm{d}v_R+\int_{V_S}\delta\varepsilon_{ij}\sigma^{ij}\mathrm{d}v_S=\delta w_R^{ext}+\delta w_S^{ext} \tag{4.72}$$

再用背景网格积分后得刚度方程：

$$[[K]_{RL}+[K]_{SL}+[K]_{SN}+\lambda[K_\sigma]]\{\delta\}=\{R\} \tag{4.73}$$

式中 R——肋；

S——壳；

L、N——线性及非线性项；

λ——荷载比例因子；

$[K_\sigma]$——初应力阵。

进一步简记：

$$[[\widetilde{K}_N]_{RS}+\lambda[K_\sigma]]\{\delta\}=\{R\} \tag{4.74}$$

用特征刚度法求解。注意壳内的初应力按 $\sigma_s=\dfrac{qR}{b}$、$\sigma_y=0$、$\tau_{sy}=0$ 近似计算。

若是线性稳定问题，要求 $\{\delta\}$ 为零和非零时都成立，则 $\{R\}=0$ 成立。转为标准特征值问题，即

$$[[\widetilde{K}_L]_{RS}+\lambda[K_\sigma]]\{\delta\}=0 \tag{4.75}$$

若 $[\delta]$ 有非零解，须使 $\det[[\widetilde{K}_L]+\lambda[K_\sigma]]=0$ （4.76）

第 5 章　压力管道稳定问题控制方程的建立与求解

5.1　Galerkin 变分原理及其应用

本书利用 Galerkin 变分原理建立控制方程。Galerkin 变分原理与 Ritzi 法等属于变分法的直接法，是在全域内的物理原理，在力学分析中具有重要的地位。Galerkin 变分原理有两重内涵：①场函数如何构造；②利用变分原理进行求解。随着时代的发展，Galerkin 变分原理也赋予了不同的特色，传统的 Galerkin 变分原理是在全域内进行一次性场函数的构造（该场函数有待求的未知量），代入 Galerkin 变分方程后，可以求出这些参数，从而求出解析性质的场量表达式，再用于诸如应力、应变的求解。很显然，这种 Galerkin 的变分原理由于涉及到全域的场函数构造，使得该方法只能局限于比较规则的场函数构造，而且场函数叠加的各项对应的待定未知量受到限制。目前的无单元 Galerkin 方法，则是基于局部意义上的场函数拟合，然后"移动"到全域上的场量拟合，常用 MLS 拟合，它需要对每一个计算点都要进行分片的紧支承域上的场函数最小二乘过程，总伴随大量求逆阵运算，因此工作量非常大，这也是目前无单元法的一大弱点，是无单元法前进的"瓶颈"障碍。

本书仍利用 Galerkin 变分原理求解，而场函数的构造则是借助权函数及 Taylor 展开式在局部紧支域上进行直接性拟合，不是隐性拟合。而由于权函数的"移动性"，转化成全域上的拟合是一种显式建立场函数的方法。所以本书的方法相对于传统的 Galerkin 法及现有无单元 Galerkin 法在变分框架上相同，在场函数拟合上不同。本书方法场函数构造继承了这两种方法的优点，摒弃了它们的缺点，即继承了传统方法的直接性及现有无单元伽辽金法的"局部性"及"移动"技巧，节省了计算工作量，保留了精度，所以本书方法是对 Galerkin 法的继承和发展，具有开拓性意义。

实际上 Galerkin 变分原理从数学意义上归类于加权残值法，是配域型的，以形函数 $N_i(x)$ 为权函数的加权残值法求解公式，而在物理上可由虚功原理推演而来，所以它是具有深厚数学、物理"土壤"。基于此，本书选择了 Galerkin 变分原理作为求解方程的框架。

对本书的肋、壳组合体分析，对任意的虚位移 $d\{\delta^*\}$，则有：

$$\iiint_{\Omega_R} d\{\varepsilon^*\}^T \{\sigma\} d\Omega = \iiint_{\Omega_R} [d\{\delta^*\}\{b\} + d\{\delta^*\}^T \{t_R\}] dv$$

$$+ \iiint_{\Omega_S} [d\{\varepsilon^*\}^T \{b_S\} + d\{\varepsilon^*\}^T \{t_R\}] dv \quad (5.1)$$

5.2 剪切与薄膜"闭锁"及传统有限元方法的局限性

用有限元法求解力学问题是20世纪五六十年代以来人们非常习惯的选择，但有限元法求解也常常遇到许多数学上的困难。人们总希望建立对厚、薄结构都通用的有限元求解列式，所以就需要在厚梁、板、壳上建立位移场量描述，但退化到薄的结构时常常产生剪切与薄膜"闭锁"。本应消失的场量无法消失，产生虚假应变。这是有限元法的局限，人们曾试图用各种方法消除这种现象，如降阶积分等等，但都不太有效。为了消除厚曲梁由厚变薄时的薄膜与剪切"闭锁"，我们需单独对加肋能量泛函表达式进行分析，以选择合适的形函数使"闭锁"消失。

由 $\overline{u_i} = \sqrt{g_{ii}} u^i$，$\overline{\varepsilon_{ij}} = \frac{1}{\sqrt{g_{ii}}\sqrt{g_{ij}}}\varepsilon_{ij}$，$\overline{\sigma_{ij}} = \sqrt{g_{ii}g_{ij}}\sigma^{ij}$

$$\delta u\,\text{肋} = \iint_{\Omega_R} \overline{\sigma_{ij}}\delta\overline{\varepsilon_{ij}}\,ds\,dt = \overline{b}\iint\left[\frac{E\varepsilon_{22}\delta\varepsilon_{22}}{(g_{22})^2} + \frac{2GR\varepsilon_{12}\delta\varepsilon_{12}}{g_{22}} + \frac{2GR\varepsilon_{22}\delta\varepsilon_{21}}{g_{22}}\right]\sqrt{g}\,ds\,dt$$

$$= \frac{1}{b}\iint\left[E\left(\frac{R}{R+t}\right)^2\varepsilon_s\delta\varepsilon_s + GK\left(\frac{R}{R+t}\right)r_{ts}\delta r_{ts}\right]\sqrt{g}\,ds\,dt$$

$$= \frac{1}{b}\iint\left[E\left(\frac{w}{R}+u_{,s}\right)\delta\left(\frac{w}{R}+u_{,s}\right) + GK(w_{,s}+\phi)\delta(w_{,s}+\phi)\right.$$

$$\left.+ Et^2\left(\frac{u_{,s}}{R}+\phi_{,s}\right)\delta\left(\frac{u_{,s}}{R}+\phi_{,s}\right) + Et\left(\frac{w}{R}+u_{,s}\right)\delta\left(\frac{u_{,s}}{R}+\phi_{,s}\right)\right]\sqrt{g}\,ds\,dt \tag{5.2}$$

上式中各项依次为薄膜、剪切、弯曲、薄膜与弯曲混合项等对应的能量项，各项前的 E、GK、Et、Et^2 相当于"罚因子"作用于各项变形能，一般有以下关系：

$$E > GK \gg Et \gg Et^2 \tag{5.3}$$

当梁由厚变薄即 $\frac{t}{R} \to 0$，则 $\frac{w}{R}+u_{,s} \Rightarrow 0$ 及 $w_{,s}+\phi \Rightarrow 0$ 应成立。

此时总变形能由弯曲变形能支配，才能消除"闭锁"。要满足上述要求在形函数的构造上可采用如下办法：u 的场函数要比 w 高一阶，而 w 要比 ϕ 高一阶即可。那么 u、w 和 ϕ 3个场函数的多项式阶数依次取为 $p+2$、$p+1$、p 阶。P 一般取二阶多形式即可，u 与 w 分别用四阶和三阶去描述已经足够。当然，控制方程的实现，确定好加劲肋及壳的位移场函数之后，便可以借助第4章有关公式代入即可。为了将肋与壳的方程列入一个标准的刚度方程之中，将肋与壳的位移分量合并成一个位移矢量。并注意在同一法线上肋与壳中面上，对应的点有对应协调关系：

$$\begin{Bmatrix} u \\ 0 \\ w \end{Bmatrix} = \begin{Bmatrix} u+\phi\dfrac{t+h}{2} \\ 0 \\ w \end{Bmatrix} = \begin{bmatrix} 1 & \dfrac{t+h}{2} & 0 \\ 0 & 0 & 0 \\ 0 & 0 & 1 \end{bmatrix}\begin{Bmatrix} u \\ \phi \\ w \end{Bmatrix} \tag{5.4}$$

这里假设肋所在位置在同一法线上，对应点都无管道轴向位移，即 $v=0$。并令统一后的离散点上的位移矢为 $\{\delta\}$，则应将壳与肋的几何方程及物理方程都扩充成与 $\{\delta\}$ 的关系。

5.3 控制方程的实现

设有约束允许的位移 $d\{\delta^*\}$，则对肋、壳组合体对应的虚功原理可用式（5.1）实现：

$$d\{\varepsilon^*\}^T\{\sigma\} = d([B]\{\delta^*\})^T\{\sigma\} = d\{\delta^*\}^T[B]^T[D][B]\{\delta\} + \{\delta^*\}^T d[B]^T\{\sigma\}$$
$$= d\{\delta^*\}^T[B]^T[D][B]\{\delta\} + (d[B]\{\delta^*\})^T\{\sigma\} \tag{5.5}$$

因 $\quad d[B]^T = d[B_n]^T$

且 $\quad (d[B_n]\{\delta^*\})^T = ([C_n]d\{\delta^*\})^T = d\{\delta^*\}^T[C_n]^T$

又 $\quad [C_n]^T\{\sigma\} = [D_n] = [G_n]\{\delta\}$

且可设 $\{\sigma\} = \lambda\{\bar{\sigma}\}$，$\lambda$ 为比例因子。

所以有： $\quad \int d\{\varepsilon^*\}^T\{\sigma\} = d\{\delta^*\}^T\{R\}$

$$d\{\delta^*\}\left[\int [B]^T[D][B]dv + \int [G'_n]dv\right]\{\delta\} = d\{\delta^*\}\{R\}$$

$$\left(\int [B]^T[D][B]dv + \lambda\int [\overline{G_n}]dv\right)\{\delta\} = \{R\}$$

$$([K_L] + [K_n] + [K_0] + \lambda[K_\sigma])\{\delta\} = \{R\} \tag{5.6}$$

对于线性问题，归结为典型的特征值问题，则只需求解特征值，λ 则取最小。若研究的问题为线性问题，则

$$[K] = [K_l] + [K^0] + [K_n] \tag{5.7}$$

式中 $[K_l]$——线性项；

$[K^0]$——缺陷影响项。

$$[K_l] = \left[\int [B_l]^T[D][B_l]dv\right]$$

$$[K^0] = \left[\int [B_l]^T[D][B^0]dv + \int [B^0]^T[D][B_l]dv + \int [B^0]^T[D][B^0]dv\right]$$

$$[K_n] = \int [B_l]^T[D][B_n]dv + \int [B^0]^T[D][B_n]dv + \int [B_n]^T[D][B_l]dv$$
$$+ \int [B_n]^T[D][B^0]dv + \int [B_n]^T[D][B_n]dv \tag{5.8}$$

对无缺陷问题： $\quad [K] = [K_l] + [K_n]$

对线性有缺陷问题： $\quad [K] = [K_l] + [K^0]$

对线性无缺陷问题： $\quad [K] = [K_l]$

对各刚度阵，由于元素太多（有关 $[B]$ 矩阵见 4.2.2.3 节），此不再一一列述。

一般的线性问题可归结为典型特征值问题。因为对于有位移状态和无位移状态控制方程都应成立：

由
$$[[K]+q[K_\sigma]]\{\delta\}=\{K\} \tag{5.9}$$
$$|[K]+q[K_\sigma]|=0 \tag{5.10}$$

变换后：
$$|[K]^{-1}[K_\sigma]+q^{-1}[I]|=0 \tag{5.11a}$$

令
$$[A]=-[K]^{-1}[K_\sigma],\lambda=1/q \tag{5.11b}$$

则
$$|[A]-\lambda[I]|=0 \tag{5.12}$$

这是典型的特征性问题。求出最大特征值 $\lambda_{\max}$，即可求出最小临界荷载 $q_{\min}$，即为失稳临界荷载。求标准特征值问题的求解方法较多，比如广义雅可比法、空间迭代法、行列式搜索法等。这里不再详述。

5.4 非线性特征值问题的解法

对于大位移大转动的几何非线性问题，常常表现为几何非线性状态，对此类问题由于结构的缺陷因素不可避免，所以常常表现为极值点失稳。对此，宜采用非线性迭代进行搜索法求解，但这类问题求解的难点在于：极值点附近，刚度阵的奇异性。为了解决这个问题，本书采用 Euler-拟 Newtow 法求解—切线刚度法。

结构稳定性分析的主要任务是判定极值点（分支点）。非线性状态计算临界荷载要追踪完整的平衡路径。在这个平衡路径中包括有极值点（临界点）及极值点附近的前屈曲路径和后屈曲路径。由于在极值点的邻域内结构的切线刚度矩阵趋于奇异这就给整个求解工作带来一定的困难。为了克服这个困难，在求解时对每个增量步采用控制弧长法，使迭代过程按照指定弧曲线收敛于平衡路径。控制弧长法的特点是需要补充一个辅助方程，并把补充方程与结构刚度方程联合求解，从而使迭代过程避开刚度矩的奇异，并顺利通过极值点及其邻域上的各点。现以第 i 步增量为例，介绍控制弧长法的迭代实施步骤。对控制方程：

$$[K]\{\delta\}=\{P\} \tag{5.13}$$

首先设定柱壳结构承受均匀外压力，从而确定出等效荷载比例向量为 $\langle P_0 \rangle$，当第 i 步增量对结构施加的均布荷载为 q 时，结构承受的等效荷载向量可以表示为

$$\{P\}=q\{P_0\} \tag{5.14}$$

从式中可以看出，q 作为结构等效荷载向量的比例因子，并在以后的求解过程中，把 q 看作待求的满足平衡条件的荷载参变量。将式（5.14）代入式（5.13），写成增量式：

$$[K_T]\{\Delta\delta\}=q\{P_0\}-\{R\} \tag{5.15}$$

式中　$\{R\}$——结构反力向量。

将式（5.15）写为第 i 荷载量步内的第 n 次迭代形式：

$$[K_T]_{i-1}\{\Delta\delta\}_i=q_i\{P_0\}-\{R_i\} \tag{5.16}$$

式中　$[K_T]_{i-1}$——第 $i-1$ 荷载增量步的切线刚度矩阵；
　　　q_i——对应于第 i 荷载增量步的荷载参数；
　　　$\{\Delta\delta\}_i$——在第 i 荷载量步内求出的位移增量。

在计算时，这种方法要满足平衡条件，因而在本增量步内应用牛顿-拉裴逊法。因此，

迭代式（5.16）可写为

$$[K_T]_{i-1}\{\Delta\delta^n\}_i = q_i\{P_0\} - \{R^n_i\} \tag{5.17}$$

式中右上标 n 表示第 i 增量步内的迭代次数。

由此未知量荷载参数 q，要求解式（5.17），必须被补充一个辅助方程（或称约束方程）。因此，根据控制弧长法，我们指定在第 i 增量步内的迭代过程按照控制曲线 l 收敛于平衡路径的 B 点（图 5.1）。设在第 i 增量步内求得的平衡路径（平衡曲线）为 AB 弧段，与之对应的弦长为 ΔS_i，于是，辅助方程可写为如下形式

$$(\{\Delta\delta^1\}_i)^T\{\Delta\delta^1\}_i + (\Delta q^1_i)^2 = (\Delta S_i)^2 \tag{5.18}$$

式中 Δq^1_i——与第 i 增量步内第一次迭代（$n=1$）对应的荷载参数增量；

$\{\Delta\delta^1\}_i$——第 i 增量步内第一次迭代求得的增量位移。

为保证第 i 增量步内的迭代过程中符合给定的曲线 l_i，当 $n=2, 3, \cdots$ 时，要求各次迭代满足以下的正交特性：

$$(\{\Delta\delta^1\}_i)^T\{\Delta\delta^n\}_i + (\Delta q^1_i)(\Delta q^n_i) = 0 \tag{5.19}$$

式（5.19）为第 i 增量步内迭代时施加于总体刚度矩阵方程式（5.17）的约束方程。联立式（5.17）与式（5.19）求解，使得相邻两次所求得的位移满足下式：

$$\{\Delta\delta^n\}_i \approx \{\Delta\delta^{n+1}\}_i \tag{5.20}$$

至此完成了第 i 增量步的迭代计算。整个迭代过程中是完全按照控制曲线收敛于平衡路径的 B 点。当给定了荷载参数增量，如 $q_{i+1}, q_{1+2}, \cdots$，由式（6.17）就可以求出新的控制曲线，重复上述过程，就可以依次进行下一荷载增量步的迭代计算工作，从而可以确定出平衡路径上的点 $B_1, B_3, \cdots$

在迭代过程中，由于引入了约束方程，破坏了结构切线刚度矩阵原有的对称性和稀疏性。为了满足上述性质，在计算中，把增量位移分解为

$$\{\Delta\delta^n\}_i = \{\Delta\delta^n\}^{\text{I}}_i + \Delta q^n_i\{\Delta\delta^n\}^{\text{II}}_i \tag{5.21}$$

将式（6.21）代入式（6.17）中，比较等式两边，有：

$$[K_T]_{i-1}\{\Delta\delta^n\}^{\text{I}}_i = -\{R^n\}_i \tag{5.22}$$

$$[K_T]_{i-1}\{\Delta\delta^n\}^{\text{II}}_i = \{P_0\} \tag{5.23}$$

由此解得：

$$\{\Delta\delta^n\}^{\text{I}}_i = -([K_T]_{i-1})^{-1}\{R^n\}_i \tag{5.24}$$

$$\{\Delta\delta^n\}^{\text{II}}_i = -([K_T]_{i-1})^{-1}\{P_0\} \tag{5.25}$$

由式（5.25）可知，在第 i 增量步中，$\{\Delta\delta^n\}^{\text{II}}_i$ 是一个恒量，因此，令：

$$\{\Delta\delta^1\}_i = \{\Delta\delta^n\}^{\text{II}}_i \tag{5.26}$$

并把这个结果存贮起来，用于整个第 i 增量步中。

将式（5.21）代入式（5.19）中，得到：

$$\Delta q^n_i = \frac{(\{\Delta\delta^1\}_i)^T\{\Delta\delta^n\}^{\text{I}}_i}{(\{\Delta\delta^1\}_1)^T\{\Delta\delta^t\}_i + \Delta q^l_i} \tag{5.27}$$

由此可以给出第 i 增量步内，对应于第 n 次迭代的荷载参数全量表示式：

$$q^n_i = q^0_i + \Delta q^n_i \tag{5.28}$$

以及相应的位移：
$$\{\delta^n\}_i = \{\delta^0\}_i + \{\Delta\delta^n\}_i \quad (5.29)$$

其中
$$\{\delta^n\}_i = \{\delta^n\}_i^{\mathrm{I}} + \Delta q_i^n \{\Delta\delta^t\}_i \quad (5.30)$$

在第 i 增量步内，按照从式（5.22）到式（5.29）进行迭代计算，直至相邻两次求出的位移满足式（5.26）为止，这样就确定出平衡路径上的一点 B，见图 5.1，第 i 增量步的计算终止。

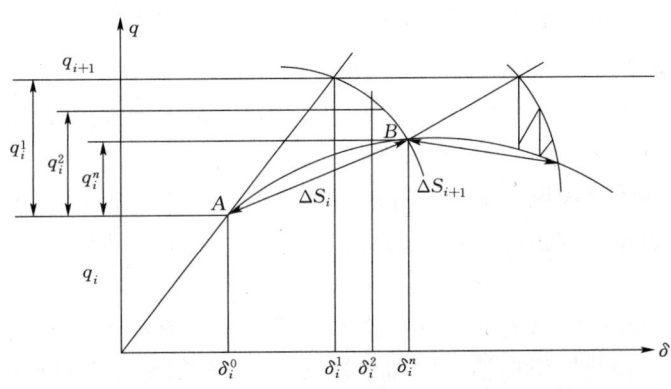

图 5.1 第 i 增量步迭代过程

需要注意的是，在极值点的临域内，为了准确描述平衡路径的形状，荷载参数增量及其相间的 AB 弧段对应的弦长 ΔS_i 值要小。

在平衡曲线极值点的临域内，由于采用了控制弧长法，在每一增量步内迭代过程按照各自的控制曲线收敛于平衡路径，从而使得迭代过程顺利地通过极值点，并且完整地描绘出荷载位移的平衡路径（图 5.1）。根据图 5.1 所确定的平衡路径，可以确定出圆柱壳结构失稳屈曲的极值点（也称为中性平衡点）。对应于由 B 点确定的荷载参数 q_c 就是结构失稳屈曲的临界荷载，并由此可以得到结构的等效临界失稳荷载向量。

$$\{P\} = q_c \{P_0\} \quad (5.31)$$

对应于极值点的位移，就是结构的失稳位形，即
$$\{\delta\} = \{\delta\}_c \quad (5.32)$$

5.5 计算程序

5.5.1 计算方案

圆柱壳结构弹性塑性失稳问题在几何变形方面不仅要考虑结构失稳前的屈曲计算，还要追踪失稳后的后屈曲路径。另外在结构失稳时，结构材料往往伴随有塑性变形的影响，这是一个高度非线性的问题，问题的复杂性给求解带来极大的困难，为了简化计算、节省机时，在程序设计时采用以下计算方案：

（1）首先用线性理论确定失稳位形及相应的失稳波数，从而确定结构非线性稳定性计算的迭代范围。

(2) 用弧长法追踪平衡路径,确定结构失稳的临界点。

这种计算方案的优点,就是用线性计算代替大量非线性迭代计算来搜索目标范围,然后在目标范围内用非线性迭代重点计算,搜寻最终结果。这种计算思想,可以大量地节省机时,提高计算效率。

5.5.2 计算内容

(1) 分析结构稳定平衡状态,为结构失稳计算提供基本数据。
(2) 计算结构失稳屈曲状态下的最小失稳临界荷载和相应的位形。

5.5.3 程序设计步骤

(1) 根据计算模型的结点情况,计算并集成结构的弹性刚度矩阵$[K]$。
(2) 对结构进行平衡状态下的应力分析,确定加载比例数值,形成结构的失稳加载比例向量。
(3) 引入壳体结构面内刚度大于面外刚度的假设,根据边界条件和力学约束条件确定位移为零的序号,划掉刚度矩阵中有关的行列,消除结构的刚体位移,保证结构刚度矩阵的正定性。
(4) 按式(5.13)~式(5.30)计算临界荷载及失稳位形。

通过以上过程,得到失稳位移-应力曲线,曲线位移的最低点对应的应力值就是我们所要求的失稳应力。

5.5.4 方法考证及工程应用

【例 5.1】 表 5.1 模型组 No.1 和表 5.2 模型组 No.2 是分别模拟完善管道、有初始缺陷管道外压稳定性分析的计算结果。材料为黄铜,表中 P_W 为本书无单元算法的临界外压失稳荷载值,P_M 为 Mises 理论计算得到的失稳荷载,单位均为 MPa。括号中的数字为计算失稳半波数。T_h 为加劲环厚度,R_h 为从管道中心到加劲环外缘的距离,t 为管道壁厚度。图 5.2 为 45×30 节点布置图,示意在中间加肋的管道展开图上,两端固定。本章及下章类似例题可用同样的方法解决。

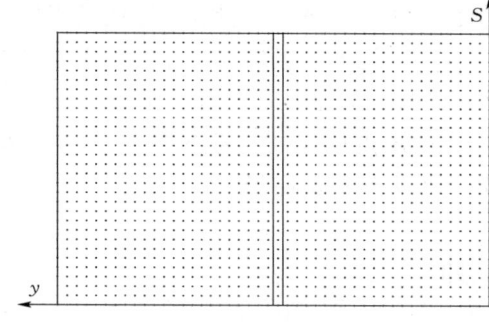

图 5.2 节点布置

表 5.1 完善壳模型组 No.1 无单元法与 Mises 解计算结果分析

模型 \ 参数	弹性模量 E	117.GPa	泊松比	0.35	半径 r_1	15cm
	环间距	7.5cm		10.0cm	15.0 cm	30.0 cm
	其他参数					
模型组 No.1.1:	$t=0.05$cm $T_h=0.15$cm $R_h=15.7$cm	P_W: 0.238 (18) P_M: 0.155 (15)		P_W: 0.151 (15) P_M: 0.111 (13)	P_W: 0.093 (12) P_M: 0.076 (11)	P_W: 0.040 (8) P_M: 0.037 (8)
模型组 No.1.2:	$t=0.08$cm $T_h=0.24$cm $R_h=16.0$cm	P_W: 0.850 (17) P_M: 0.527 (13)		P_W: 0.541 (14) P_M: 0.366 (12)	P_W: 0.327 (11) P_M: 0.249 (10)	P_W: 0.135 (7) P_M: 0.113 (7)

续表

模型 \ 参数		弹性模量 E	117.GPa	泊松比	0.35	半径 r_1	15cm
	其他参数 \ 环间距		7.5cm		10.0cm	15.0 cm	30.0 cm
模型组 No.1.3:	$t=0.10$cm $T_h=0.30$cm $R_h=16.2$cm		P_W: 1.550 (16)		P_W: 0.990 (13)	P_W: 0.595 (10)	P_W: 0.240 (7)
			P_M: 0.932 (13)		P_M: 0.644 (11)	P_M: 0.438 (9)	P_M: 0.201 (7)
模型组 No.1.4:	$t=0.12$cm $T_h=0.36$cm $R_h=16.5$cm		P_W: 1.824 (15)		P_W: 1.420 (13)	P_W: 0.981 (10)	P_W: 0.394 (7)
			P_M: 1.476 (12)		P_M: 1.032 (10)	P_M: 0.697 (9)	P_M: 0.320 (6)

完善壳模型组 No.1 无单元法与 Mises 解计算结果对比分析，如图 5.3 所示。

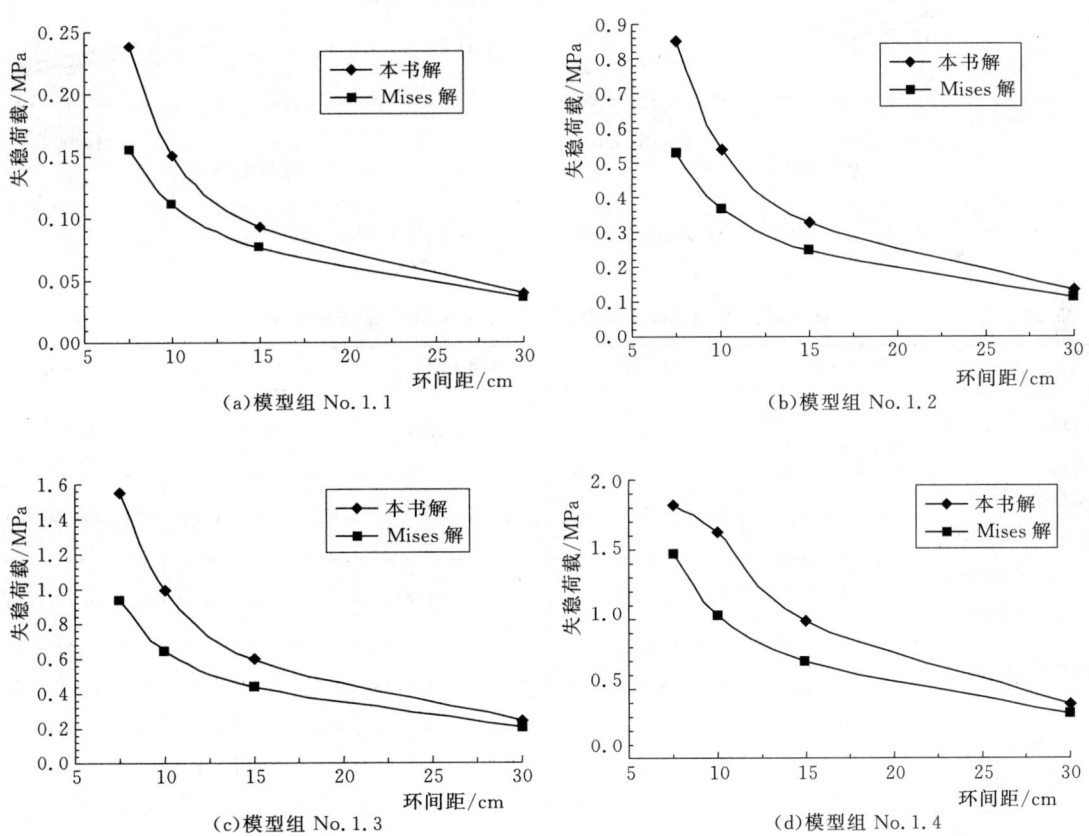

(a) 模型组 No.1.1

(b) 模型组 No.1.2

(c) 模型组 No.1.3

(d) 模型组 No.1.4

图 5.3 完善壳模型组 No.1 无单元法与 Mises 解比较曲线

有缺陷模型组 No.2 无单元法与 Mises 解计算结果对比分析如图 5.4 所示。

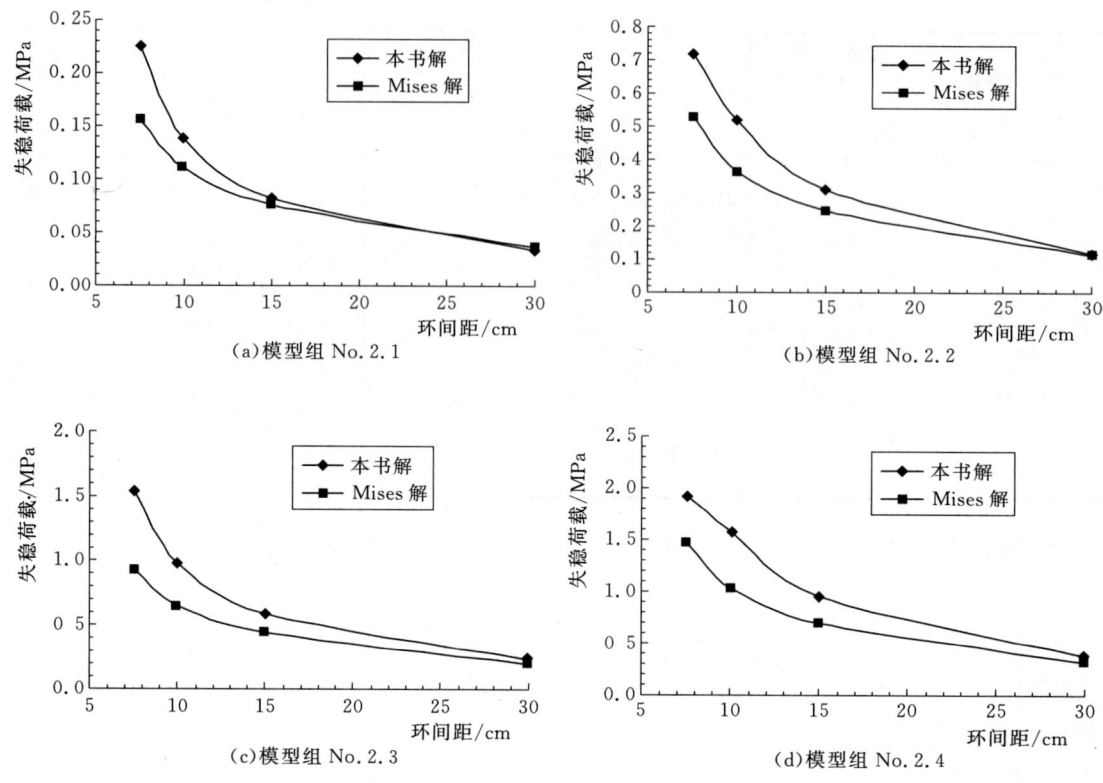

图 5.4　有缺陷模型组 No.2 无单元法与 Mises 解

表 5.2　　　　　有缺陷模型组 No.2 无单元法与 Mises 解计算结果分析

参数\模型	弹性模量 E	117.6GPa	泊松比	0.35	半径 r_1	15cm
	其他参数\环间距	7.5cm	10.0cm		15.0	30.0
模型组 No.2.1: $w_0=-0.10$cm $\alpha_0=2.0$cm $\beta_0=2.0$cm	$t=0.05$cm $T_h=0.15$cm $R_h=15.7$cm	P_W: 0.226 (16)	P_W: 0.139 (15)		P_W: 0.083 (12)	P_W: 0.033 (8)
		P_M: 0.155 (13)	P_M: 0.111 (12)		P_M: 0.076 (11)	P_M: 0.037 (8)
模型组 No.2.2: $w_0=-0.10$cm $\alpha_0=2.0$cm $\beta_0=2.0$cm	$t=0.08$cm $T_h=0.24$cm $R_h=16.0$cm	P_W: 0.720 (15)	P_W: 0.520 (14)		P_W: 0.312 (11)	P_W: 0.115 (7)
		P_M: 0.527 (13)	P_M: 0.366 (12)		P_M: 0.249 (10)	P_M: 0.113 (7)
模型组 No.2.3: $w_0=-0.10$cm $\alpha_0=2.0$cm $\beta_0=2.0$cm	$t=0.10$cm $T_h=0.30$cm $R_h=16.2$cm	P_W: 1.531 (16)	P_W: 0.961 (13)		P_W: 0.584 (10)	P_W: 0.230 (7)
		P_M: 0.932 (13)	P_M: 0.644 (11)		P_M: 0.438 (9)	P_M: 0.201 (7)

续表

模型 \ 参数		弹性模量 E	117.6GPa	泊松比	0.35	半径 r_1	15cm
	其他参数	环间距	7.5cm	10.0cm	15.0	30.0
模型组 No.2.4: $w_0=-0.10\text{cm}$ $\alpha_0=2.0\text{cm}$ $\beta_0=2.0\text{cm}$	$t=0.12\text{cm}$ $T_h=0.36\text{cm}$ $R_h=16.5\text{cm}$		P_W: 1.724 (15)	P_W: 1.530 (13)	P_W: 0.951 (10)	P_W: 0.372 (7)
			P_M: 1.476 (12)	P_M: 1.032 (10)	P_M: 0.697 (9)	P_M: 0.320 (6)

由【例 5.1】知：本书解与 Mises 解比较，在较小的肋间距时，本书解与 Mises 解差别较大。在较大的肋间距时，比较接近。这主要是 Mises 解在较小的肋间距时，模型不能反映实际的力学状态。所以，Mises 解仅不适于较小肋间距钢管的外压稳定性分析。而本书解考虑了结构整体的刚度，则比较可靠。

压力钢管外压稳定性分析，对缺陷具有较强敏感性，通过对具有凹凸缺陷钢管的分析，缺陷因素影响幅度不可忽视，$t=0.05\text{cm}$ 的管壁，$W_0=-0.10\text{cm}$ 的缺陷幅度，在 $2.0\text{cm}\times 2.0\text{cm}$ 范围内，与完善壳差 5% 以上。Mises 解未考虑缺陷敏感性，因而不确定性因素加大。

【例 5.2】 某水电站引水压力钢管，设计选用 60kg 级钢材，弹性模量 $E=210\text{GPa}$，泊松比为 0.3，管道半径 6.2m，管壁厚 t 如表 5.3 中变化。采用矩形加劲环，加劲环高度 0.28m、厚度 0.21m，环间距 2m。从压力管道进口至蜗壳进口的管壁厚度变化范围内为 $0.03\sim 0.054\text{m}$。

表 5.3 和图 5.5 为在管壁厚度改变、其他参数不变情况下无单元法和 Mises 理论的结果。由于 Mises 理论中失稳波数的计算只是一个经验值，而无单元法对计算过程中的整个平衡路径进行追踪，计算出的波数能较好地反映真实解，因此在分析中讨论了两种方法的复合解，即将无单元法的失稳波数带入 Mises 公式计算外压失稳荷载。节点布置见图 5.2。

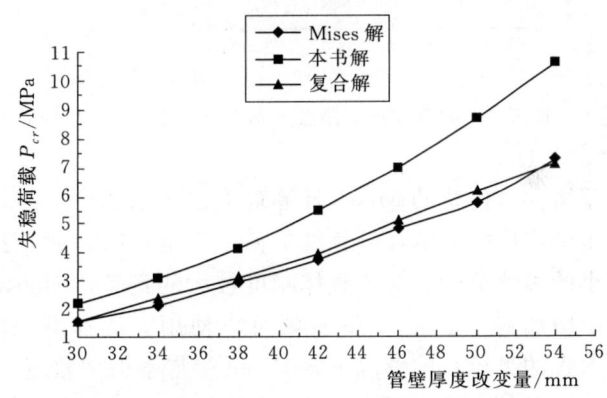

图 5.5 管壁厚度改变情况下的计算结果分析

表 5.3 管壁厚度改变情况下的计算结果分析

荷载 P_{cr}	厚度 t/m	0.030	0.034	0.038	0.042	0.046	0.050	0.054
Mises 解	荷载/MPa	1.55	2.10	2.61	3.66	4.79	5.72	7.18
	波数	16	16	15	15	14	14	13
本书解	荷载/MPa	2.18	3.06	4.12	5.40	6.90	8.64	9.6
	波数	22	23	22	21	21	20	20
复合解	荷载/MPa	1.54	2.37	3.09	3.89	5.10	6.09	7.06

表 5.4 和图 5.6 为加劲环间距改变、其他参数不变情况下无单元法和 Mises 理论的结果。

表 5.4　　加劲环间距改变情况下的计算结果分析（$t=0.04\text{m}$）

荷载 P_{cr}	间距 L/m	0.5	1.0	2.0	4.0	8.0	12.0
Mises 解	荷载/MPa	5.55	4.10	3.50	2.66	2.09	1.55
	波数	16	16	15	15	14	14
本书解	荷载/MPa	7.38	6.66	4.12	3.40	2.60	1.64
	波数	18	17	15	15	14	14
复合解	荷载/MPa	6.54	4.37	3.50	2.66	2.09	1.55

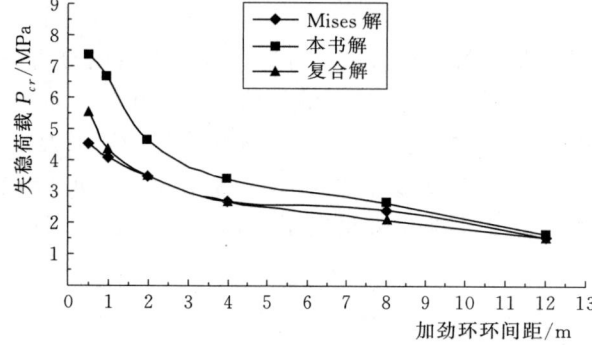

图 5.6　加劲环环间距改变情况下的计算结果分析

由【例 5.2】知：随着环间距的增大，钢管的整体刚度减小。加劲环对钢管抗外压稳定性的影响减小。无单元法计算得到的压力钢管外压失稳荷载与 Mises 结果逐渐接近。说明无单元法充分在考虑加劲环环间距、环刚度和几何尺寸对压力钢管外压失稳荷载的影响后，计算方法比较符合实际情况。随着管道厚度的增加，钢管的整体刚度加大，Mises 解未能合理地考虑压力钢管刚度的影响，无单元法解与 Mises 解误差增大。传统的 Mises 计算理论由于未能较全面地考虑加劲环及其他因素对压力钢管抗外压稳定性的影响，计算结果偏于安全；Mises 方法比较适合整体刚度（钢管与加劲环）较小的柔性钢管，对于整体刚度较大的钢管，Mises 解不太可靠。同时也说明，随着肋间距 L 增加到一定量，Mises 解可以使用。从本例来看，L 大于 $60t$ 且大于 $2r$（t 为壁厚，r 为管的半径）的情况下，Mises 解与本书解接近。

【例 5.3】　西洱河二级水电站，压力钢管为埋藏式加劲压力钢管。钢管内半径 $r_1=2.1\text{m}$，钢管壁厚 $t=10\text{mm}$，加劲环间距 $L=1.5\text{m}$，钢管材料为 16Mn 钢，弹性模量 $E=210\times10^3\text{MPa}$，泊松比 $\mu=0.3$，材料屈服点 $\sigma_s=235\text{MPa}$，水电站压力钢管在施工过程中，当接触灌浆压力达到 0.350MPa 时，钢管发生失稳屈曲。用本书提出的无单元法与传统的 Amstutz 法对此工程实例进行分析，计算中取初始缝隙值 $\Delta=0.5\text{mm}$，布置节点如图 5.2 所示。无单元法计算临界值 $P_{cr}=0.441\text{MPa}$，与实际临界压力更接近；而 Amstutz 解 0.512MPa，与实际临界压力 0.350MPa 相差较大。这主要是 Amstutz 解仅考虑缝隙 Δ 的大小，没考虑缝隙 Δ 的范围之故，本书提出的无单元法则完善了这一点。

由【例 5.3】可知：压力钢管外压稳定性分析，本书方法模拟缺陷缝隙 Δ 具有较好的效果；传统的 Amstutz 法仅考虑缝隙 Δ 的大小，没考虑缝隙 Δ 波及范围之故，而本书提出的解法则完善了这一点。本书既考虑缺陷的起伏幅度，又考虑缺陷的范围，计算模型科学、有效，结果安全可靠，与工程实际吻合较好。

通过对算例分析并与其他方法比较可知：用无单元法进行压力钢管外压稳定分析，比其他方法可靠。本书的力学模型准确，计算方法与理论科学有效。应用工程实际问题，结果可靠。

第6章 地下埋管抗外压稳定性实验

6.1 国内外压力管道外压实验研究概况

20世纪50年代中期，法国包罗特（H. Borot）用19组圆环（光滑表面）进行了外水压力实验。结果表明，圆环均以出现一个波的形式而失稳破坏，破坏时的临界压力与包罗特公式计算所得的临界压力值平均偏差为2.8%，与蒙泰尔（R. Montel）公式计算值也较吻合。

此后，法国特罗依瓦列（R. Troivallets）和蒙泰尔利用11组光面钢管进行了外水压力实验，结果表明，实验的临界压力与阿姆斯突兹（Amstutz）公式计算值接近，相差约为5%，同时也表明，钢管圆形偏差对临界压力有影响。

葡萄牙索尔法门（Sorefame）为匹科特（Picote）水电站进行了光面管和有加劲环钢管的抗外水压力实验，证明阿姆斯突兹（Amstutz）公式与实验值接近。

20世纪60年代初期，法国日戈尔（J. Rigal）为罗斯兰（Roselend）水电站进行了用角铁做加劲环的钢管外水压力实验。结果表明，与阿姆斯突兹假定相符；实验的临界压力与西蒙-苏依斯（Simon-Suisse）公式计算值接近。

瑞士乌尔曼（F. Ullmann）在奥地利为维安登（Vianden）水电站压力斜井进行了无加劲环措施的钢管外水压力实验。内管与外管之间浇筑20cm的混凝土垫层。实验时，先在内管充水反复加压，根据内管的压力-应变关系曲线推算内管外壁与混凝土之间的缝隙，然后进行外水压力实验。结果表明，无加劲环钢管的实验临界压力与阿姆斯突兹公式及蒙泰尔公式的计算值接近。对于有梯形断面加劲环的钢管，实验结果与有刚性加劲环的明管失稳理论值接近。

1967年，以礼河水电站进行了光面管外水压力实验。结果表明，外水压强为1.69MPa，在内管半径偏差为8mm的断面内靠近焊缝处首先出现较大变形；压强继续升高，该处出现大鼓包，高度约为10cm；随着鼓包的扩大，压强值急剧下降。这次实验的临界压强为1.72MPa，与阿姆斯突兹公式和蒙泰尔公式的计算值接近。

1966年，刘家峡水电站引水钢管进行了加锚筋、锚环等4种不同加劲措施的抗外水压力失稳实验研究。结果表明，临界压力实验值为0.52MPa，比设计外水压力0.3MPa大73%，但比阿姆斯突兹公式计算值均小。

1975—1976年，乌江渡水电站对坝内引水钢管进行了光面管和锚筋加劲管的外压失稳破坏实验。结果表明，光面管在外压作用下发生失稳屈曲破坏时，沿钢管轴线方向出现长条形鼓包，证明了阿姆斯突兹理论中采用的计算图形是符合实际情况的。实验所得临界压力值为 0.65MPa，与阿姆斯突兹公式计算值接近。锚筋加劲管的失稳破坏，鼓包出现在相邻的两排锚筋之间，临界外水压力为 0.37MPa，比阿姆斯突兹公式计算值均较小。

6.2 实验内容

6.2.1 实验目的

本实验方案有 4 个方面的目的：
（1）研究常规完善管道的失稳破坏机理及结构变化对失稳临界荷载的影响。
（2）研究缺陷壳失稳破坏的机理，研究缺陷的敏感性。
（3）对本书理论及计算方法进行实证对比，检验理论与计算方法的可靠性。
（4）检查假设的计算模型是否正确。

影响水电站压力管道外压稳定性的因素很多，包括压力管道所用钢材的物理特性和几何特性，钢管在制造、焊接、安装过程中的外界影响以及埋藏式钢管浇筑时的外界随机因素等。在诸多影响因素中，只有管径 R 和管道厚度 t 是可以精确预知的。其他外界因素，有些无法在理论上定量反映，有些则是无法精确预知的。在这些因素中，有些是可以通过严格制造、施工程序，加强检验和检测而尽力消除的，如钢衬的不圆度和钢材自身局部的物理缺陷等；而有些因素却是随机的，如外压的分布、钢管与外包混凝土之间初始缝隙的大小和分布范围、内压下因缝隙而出现的鼓包、施工中突然撞击而出现的凹陷等。本实验试图对完善管道、带缺陷管道（包括初始几何缺陷、混凝土与管壁缝隙）承受外压情况下的稳定性问题进行分析，找出压力管道外压失稳屈曲荷载与初始缝隙值的关系，并验证本书无单元法计算结果的合理性和正确性。

6.2.2 实验设备和材料

实验设备和材料包括：试件、加劲环、堵头、真空泵、储气罐、百分表、精密压力表、真空计、张拉设备、固定装置、拉压传感器、应变仪、实验平台、石膏、外加剂。

6.2.3 加载设备应满足的基本要求

（1）实验荷载的作用，应满足实际荷载的传递方式，能使被实验结构、构件再现其实际工作状态的边界条件，使截面和部位产生的内力与设计计算等效。
（2）产生荷载值应当明确，满足实验的准确度，荷载值应能保持相对稳定，不会随时间、环境改变和结构的变形而变化，保证荷载量的相对误差在允许的范围内。
（3）加载设备不应参与结构工作，避免改变结构受力状态或使结构产生次应力。
（4）应能方便调节和分级加载和卸载，能控制加载和卸载的速率，分级值应能满足精度的要求。
（5）有足够的储备，保证实验所要求的荷载值，保证使用安全可靠。

6.2.4 对量测仪表的基本要求

（1）性能必须满足实验的具体要求，如合适的灵敏度、足够的精度和量程。

(2) 仪表不影响被测结构的工作性能、边界条件和受力情况。

(3) 仪表对环境的适应性强，使用方便，工作可靠，经济耐用。

(4) 仪表安装正确，相对固定点和夹具应有足够的刚度，保证仪表固定后没有任何弹性变形或位移产生，能正常工作，读数准确。

(5) 仪表应定期标定。

6.2.5 实验设备和材料说明

(1) 试件：由于铜材具有良好的弹性和延展性，易于加工，所以采用 0.1～0.3mm 厚的黄铜带材卷成圆柱状试件，铜皮两端翻边，以便固定在堵头上。标准试件半径 $R=15$cm，长度 $L=30$cm，弹性模量 $E=1.173\times10^5$MPa，泊松比 $\mu=0.35$。

(2) 加劲环：采用厚度为 2～3mm 的铜板加工成圆环，圆环内径 $r=15$cm，外径 $R_w=16.5$cm。每个试件装配 2～3 个加劲环，加劲环环间距为 7～15mm。

(3) 堵头：堵头为 A3 钢，弹性模量 $E=2.0\times10^5$MPa，泊松比 $=0.3$。

(4) 真空泵：加载设备，用于将试件内部抽成真空，依靠外界大气压力模拟水电站压力管道外压荷载。真空泵型号为 2XZ8 型旋片真空泵，功率为 0.75kW，浙江黄岩黎明实业有限公司制造。

(5) 百分表：测量试件变形。最大量程为 50mm，最小量程为 0.01mm，北京量具刃具厂制造。

(6) 真空计：用于测量储气罐内真空度以控制加载范围。型号为 MC28，精度为 0.002MPa，上海自动化仪表四厂制造。

(7) 精密压力表：用于测量试件内真空度以便控制加载级别。精度为 0.0005MPa，上海田林仪表厂制造。

(8) 拉压传感器：采集数据并将数据传输到应变仪。

(9) 静态电阻应变仪：测试加载螺杆的拉、压力，用以控制轴向作用力。型号为 YJ26 型，上海东华电子仪器厂制造。

(10) 储气罐：由于试件对外压荷载十分敏感，为避免外压荷载变化过于剧烈，设置储气罐做加载时的缓冲设备，以控制加载范围。操作方式见"实验步骤"。

(11) 张拉设备：由张拉螺杆和张拉螺母组成。实验加载时对试件作轴向拉伸，抵消由大气压力和试件内压力差引起的试件轴向压力，模拟压力管道无轴压情况。

(12) 固定装置：将试件固定在实验平台上。

(13) 石膏：由于石膏终凝时间短（小于 30min），可缩短实验周期；散热量小，包裹试件时对试件基本几何参数影响较小，可以尽可能地减小试件的初始缺陷；通过调整外加剂的种类和剂量，可以得到变化范围较大的弹性模量和泊松比，因此用来模拟压力管道外包混凝土。

(14) 外加剂：调整石膏中外加剂的种类和剂量，可以获得石膏的不同弹性模量和泊松比。

6.2.6 实验装置图

实验装置如图 6.1 所示。

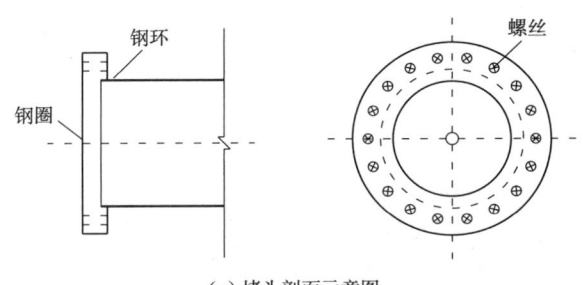

(a) 堵头剖面示意图

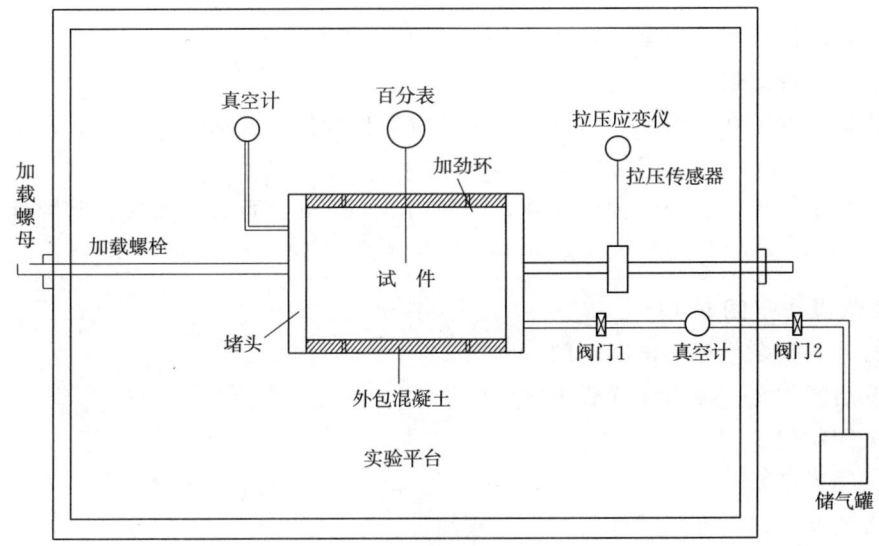

(b) 试验平面布置

图 6.1 实验装置示意图

6.2.7 试件受力模拟

（1）径向：水电站地下埋管的径向外压，在实际工程中主要是由地下水压力、混凝土与钢衬间的接触灌浆压力和浇注混凝土垫层时的临时外荷载等外压荷载引起的。实验中的径向外压荷载通过密闭试件内抽掉部分空气后，由试件内外的压力差来实现。

（2）轴向：水电站压力管道多为分段式钢管，中间设有伸缩节，轴向可自由伸缩，即可认为轴向不受力。实验时，由于试件抽真空，试件内外不仅产生径向的压力差，而且在试件轴向也产生压力差，使试件轴向受压。为了抵消轴向压力，实验时设置张拉设备。通过张拉设备，根据加荷值调整试件堵头两端的张拉力，与试件内外的压力差平衡，从而消除了轴向压力。

6.2.8 测量设备

测量设备包括真空计、精密压力表和百分表。

（1）真空计和精密压力表分别与储气罐和试件连接，以测量试件和储气罐中的气压，控制加载值。

(2) 百分表用于测量试件表面开露处的变形。

6.3 实验方法与步骤

6.3.1 试件制备
(1) 加工堵头，堵头剖面示意图见图6.1。
(2) 将铜皮按一定规格卷成圆柱形，接口处焊接固定。
(3) 加工加劲环。
(4) 根据不同的实验方案，将2~3个加劲环焊接在铜皮上。
(5) 测量试件数据。
(6) 将试件固定在堵头上，试件与端头间设置橡胶垫，并涂抹凡士林，保证试件的密封性。
(7) 浇注试件外包石膏，预留间隙，间隙为5~30cm。百分表布置在间隙处。石膏厚度为加劲环环高。

6.3.2 实验操作（图6.1）
(1) 打开真空泵与储气罐间阀门（阀门2）。
(2) 开启真空泵，抽出储气罐中空气。
(3) 关闭阀门2。
(4) 关闭真空泵。
(5) 缓慢开启储气堆与试件间阀门（阀门1）。
(6) 当试件内气压为0.001MPa时，关闭阀门1。
(7) 在堵头加载相应的张拉力，消除试件所受轴向压力。
(8) 观测百分表和精密压力表读数，作为第一级位移和荷载。
(9) 重复（1）~（8）步，以0.001MPa为一个步长单位，测量第二级、第三级、……、第n级试件位移和气压。
(10) 加载至试件出现波形时停止加载，测量位移、荷载和波数；必要时继续加载至试件破坏，测量相应数据。

6.3.3 实验时应注意的问题
(1) 制作试件时，要保证试件的圆度，将椭圆度控制在0.4D%（D为试件直径）。
(2) 由于试件所用铜皮很薄，在试件制备、加劲环焊接、端头安装时应小心，尽量避免试件产生初始缺陷。
(3) 试件固定在堵头上时，一定要保证端头的密闭性。
(4) 试件应固定。
(5) 浇注试件外包石膏时，试件内设支撑。
(6) 实验加载时应严格遵守操作顺序。
(7) 由于测量仪器对外界干扰十分敏感，应保证实验平台、试件和仪表的稳定性。

6.4 实验实景及观测记录

6.4.1 实验实景记录

这里拍摄了部分实验装置及不同类型的实验试件失稳屈曲实景。因为试件较多,限于篇幅,仅列部分有代表性的试件供观察分析,如图 6.2 所示。

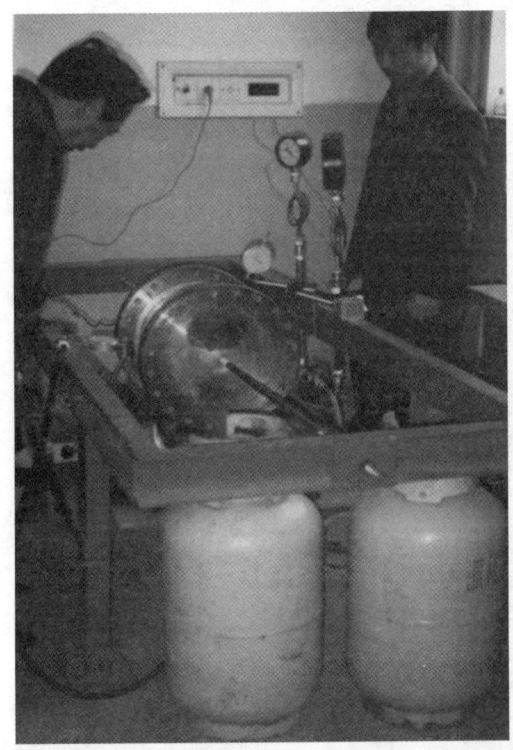

(a) 加载架、压力表及加载缓冲罐

(d) 无加劲肋的光面管试件在失稳过程中

(b) 正在出现失稳波的试件及位移计

(c) 出现失稳屈曲的加劲间隔 L 较小的试件

(e) 出现失稳屈曲的加劲间隔 L 较大的试件

图 6.2(一) 实验实景记录

第6章 地下埋管抗外压稳定性实验

(f) 加劲肋间隔 L 较大的试件出现的失稳屈曲破坏

(g) 有初始缺陷 w_0 的试件出现的失稳屈曲破坏

(h) 完善的埋藏式压力管道出现的失稳屈曲

(i) 模拟混凝土与管道间隙较小 Δ(缺陷)的试件

(j) 模拟混凝土与管道间隙较大 Δ(缺陷)的试件

(k) 有间隙缺陷 Δ 的试件首先在间隙处出现凹包

(l) 有间隙缺陷 Δ 的试件首先在间隙处出现失稳屈曲

(m) 有间隙缺陷 Δ 的试件在间隙处出现失稳屈曲波并向管道轴向传播

图 6.2（二） 实验实景记录

(n) 离间隙缺陷远处外裹物去掉后观测到的屈曲状况

图 6.2（三） 实验实景记录

6.4.2 实验现象观察与结果分析

6.4.2.1 实验现象观测

表 6.1 是一个光面无缺陷管道试件的观测现象，表 6.2 是一个光面有凹包缺陷管道试件的观测现象，它们分别是一类试件的代表，限于篇幅，它们的同类不再一一列述；表 6.3～表 6.8 是一组埋藏式有缺陷缝隙 Δ（缝隙 Δ 包括施工缝隙 Δ_0、钢管冷缩缝隙 Δ_s、围岩冷缩缝隙 Δ_R 及围岩塑性压缩缝隙 Δ_p。）管道试件的观测结果，这一类试件代表了工程中形成压力管道失稳破坏的主要因素，故给予较详细的观测描述。

实验中的每一个实验结果由 4～6 个试件的实验结果平均值决定。若实验观测值稳定，取低数，否则取高数。

表 6.1　　　　　　　　　　No.1 试件组代表实验测量记录

试件内径 r_1/cm	15.0					壁厚 t/cm			0.015
环间距 L/cm	15.0					环厚 T_h/cm			0.15
环高 H_h/cm	0.7					光面管、无缺陷			
荷载 P/($\times 10^{-4}$MPa)	5	10	15	20	25	30	35	40	45	50
位移 w/($\times 10^{-5}$m)	1	2	5	9	15	46	85	105	138	169
荷载 P/($\times 10^{-4}$MPa)	55	60	65	70	75	85	90	76	85	90
位移 w/($\times 10^{-5}$m)	187	194	216	232	256	272	285	310	315	329
实验现象	施加荷载后，荷载加至 2.6kPa 时，试件表面出现轻微变形；加载至 4.8kPa 时，出现较为明显的波形，继续加载，波峰、波谷不断加高、加深；加载至 8.0kPa 时卸载，试件能恢复原状，此时仍属于弹性变形；加大荷载，至 8.5kPa 时，试件发出明显的响声；当荷载加至 9.0kPa 时，真空计读数出现跳跃，压力值下跌，表明试件出现第一次失稳；继续加载至 9.7kPa 时试件出现不可恢复的塑性变形；做破坏性实验，当荷载加至 10.2kPa 时，试件与加劲环之间的焊锡发生脱离，实验终止。试件共出现 8 个半波，半波长 11.2～12.9cm。 整个过程，加劲肋无偏离所在平面，无失稳现象发生									

第6章 地下埋管抗外压稳定性实验

表 6.2　No.2 试件组代表实验测量记录

试件内径 r_1/cm	\multicolumn{4}{c}{15.0}	壁厚 t/cm	\multicolumn{4}{c}{0.015}
环间距 L/cm	\multicolumn{4}{c}{15.0}	环厚 t_h/cm	\multicolumn{4}{c}{0.15}
环高 H_h/cm	\multicolumn{4}{c}{0.7}	光面管有凹陷缺陷 w_0/cm	\multicolumn{4}{c}{−0.10}
荷载 $P/(\times 10^{-4}\,\text{MPa})$	5	10	15	20	25	30	35	40	45	50
位移 $w/(\times 10^{-5}\,\text{m})$	1	2	6	10	15	36	55	75	98	109
荷载 $P/(\times 10^{-4}\,\text{MPa})$	55	60	75	80	66	70	75	80	85	90
位移 $w/(\times 10^{-5}\,\text{m})$	127	153	195	245	276	281	295	307	316	332

实验现象

施加荷载后，荷载加至 1.1kPa 时，试件的"缺陷"处，表面出现轻微变形；加载至 3.85kPa 时，试件的"缺陷"处出现较大变形，"完善"区域出现新的变形，继续加载，波峰、波谷不断加高、加深；加载至 6.50kPa 时卸载，试件能恢复原状，此时仍属于弹性变形；加大荷载，至 7.4kPa 时，试件发出明显的响声；当荷载加至 8.0kPa 时，真空计读数出现跳跃，表明试件出现第一次失稳；继续加载，失稳波传播开来，荷载值反复出现跳跃；继续加载至 9.4kPa 时试件出现不可恢复的塑性变形；做破坏性实验，当荷载加至 10.1kPa 时，试件与加劲环之间的焊锡发生脱离，实验终止。试件共出现 7 个半波，半波长 12.6～13.9cm，波长由缺陷处向完善处逐渐缩短。

整个过程，加劲肋无偏离所在平面，无失稳现象发生

表 6.3　No.3.1 试件组实验测量记录

试件内径 r_1/cm	\multicolumn{4}{c}{15.0}	壁厚 t/cm	\multicolumn{4}{c}{0.025}
环间距 L/cm	\multicolumn{4}{c}{15.0}	环厚 T_h/cm	\multicolumn{4}{c}{0.3}
环高 H_h/cm	\multicolumn{4}{c}{1.5}	石膏空隙距离/cm	\multicolumn{4}{c}{5.0}
荷载 $P/(\times 10^{-3}\,\text{MPa})$	1	2	3	4	5	6	7	8	9	10
位移 $w/(\times 10^{-5}\,\text{m})$	1	2	9	18	51	76	85	97	108	119
荷载 $P/(\times 10^{-3}\,\text{MPa})$	11	12	13	14	15	16	17	18	19	17
位移 $w/(\times 10^{-5}\,\text{m})$	217	234	256	272	286	302	315	332	346	362

实验现象

施加荷载后，试件缝隙表面出现轻微变形；荷载加至 6.0kPa 时，在石膏两端与试件连接处，出现细小裂缝；加载至 8.5kPa 时，出现较为明显的波形，石膏的一端位于波谷，另一端位于波峰与波谷之间；继续加载，波峰、波谷不断加高、加深；加载至 9.0kPa 时卸载，试件能恢复原状，此时仍属于弹性变形；加大荷载，至 18kPa 时，试件发出明显的响声，当荷载加至 19.9kPa 时，真空计读数出现跳跃，表明试件出现第一次失稳；继续加载，随后荷载值反复出现跳跃，失稳波传播开来；继续加载至 55kPa 时试件出现不可恢复的塑性变形；做破坏性实验，当荷载加至 65kPa 时，试件与加劲环之间的焊锡发生脱离，实验终止。试件外包石膏有轻微开裂，裂缝长度约为 10cm，走向基本与邻近的波峰相平行。试件共出现 16 个波，最大波长 8.1cm，出现在试件开露处；最小波长 4.0cm，基本与最大波长相对；平均波长 6.3cm，波长由开露处向封闭处逐渐缩短。

整个过程，加劲肋无偏离所在平面，无失稳现象发生

6.4 实验实景及观测记录

表 6.4　　　　　　　　　　　　　　No.3.2 试件实验测量记录

试件内径 r_1/mm	15.0					壁厚 t/cm			0.025
环间距 L/cm	17.0					环厚 T_h/cm			0.3
环高 H_h/cm	1.5					石膏空隙距离/cm			10.0
荷载 $P/(\times 10^{-3}$MPa)	1	2	3	4	5	6	7	8	9
位移 $w/(\times 10^{-5}$m)	1	2	4	11	20	33	40	56	89
荷载 $P/(10^{-3}$MPa)	10	11	12	13	14	15	16	17	11
位移 $w/(\times 10^{-5}$m)	110	129	144	167	180	191	214	235	240
实验现象	施加荷载后，试件缝隙表面出现轻微变形；荷载加至 4.5kPa 时，在石膏两端与试件连接处，出现细小裂缝；继续加至 7.5kPa 时，试件表面出现较为明显的波形，石膏的一端位于波峰，另一端位于波峰与波谷之间；继续加载，波峰、波谷不断加高、加深；荷载加至 15.0kPa 时，试件发出明显的响声；荷载加至 17.0kPa 时，真空计读数突然出现回弹，跌至 11kPa，同时位移继续增大，试件发生第一次失稳；继续加载，随后荷载值反复出现跳跃，失稳波传播开来；荷载加至 35kPa 时，试件出现不可恢复的塑性变形，实验终止。试件外包石膏表面出现开裂，裂缝沿试件环向展开，长约 10cm，走向基本上平行于相临近的波峰。试件共出现 15 个半波，最大半波长 7.9cm，出现在试件开露处；最小波长 5.6cm，基本与最大波长相对；平均波长 7.2cm，波长由开露处向封闭处逐渐缩短。 整个过程，加劲肋无偏离所在平面，无失稳现象发生								

表 6.5　　　　　　　　　　　　　　No.3.3 试件实验测量记录

试件内径 r_1/cm	15.0					壁厚 t/cm		0.025
环间距 L/cm	20.0					环厚 T_h/cm		0.3
环高 H_h/cm	1.5					石膏空隙距离/cm		15.0
荷载 $P/(\times 10^{-3}$MPa)	1	2	3	4	5	6	7	8
位移 $w/(\times 10^{-5}$m)	5	8	15	22	29	38	49	61
荷载 $P/(\times 10^{-3}$MPa)	9	10	11	12	13	14	15	13.5
位移 $w/(\times 10^{-5}$m)	75	83	96	113	130	142	155	162
实验现象	施加荷载后，试件缝隙表面出现轻微变形；荷载 4.5kPa 时，在石膏两端与试件连接处，出现细小裂缝；加载至 8.0kPa 时，出现较为明显的波形；继续加载，波峰、波谷不断加高、加深，荷载加至 12.0kPa 时，试件发出明显的响声；加载至 15.0kPa 时荷载出现跳跃，真空计读数跌至 11.5kPa，同时位移继续增加，试件发生第一次失稳；继续加载，随后荷载值反复出现跳跃，失稳波传播开来；继续加载做破坏性实验，当荷载加至 45kPa 时，试件出现不可恢复的塑性变形，实验终止。试件外包石膏出现开裂、剥落，剥落石膏块长约 14cm，两端基本与试件对应部位出现的波峰平行。试件共出现 14 个波，最大波长 7.4cm，出现在试件开露处；最小波长 4.9cm，基本与最大波长相对；平均波长 6.3cm，波长由开露处向封闭处逐渐缩短。 整个过程，加劲肋无偏离所在平面，无失稳现象发生								

第6章 地下埋管抗外压稳定性实验

表6.6　　　　　　　　　　　　No.3.4试件实验测量记录

试件内径 r_1/m	15.0			壁厚 t/cm		0.025	
环间距 L/cm	20.0			环厚 T_h/cm		0.3	
环高 H_h/cm	1.5			石膏空隙距离/cm		20.0	
荷载 P/($\times 10^{-3}$MPa)	0	1	2	3	4	5	6
位移 w/($\times 10^{-5}$m)	0	6	9	12	13	16	18
荷载 P/($\times 10^{-3}$MPa)	7	8	9	10	11	12	8
位移 w/($\times 10^{-5}$m)	21	25	33	40	46	58	62

实验现象	施加荷载后,试件缝隙表面出现轻微变形;荷载加至4.0kPa时,在石膏两端与试件连接处,出现细小裂缝;加载至7.5kPa时,出现较为明显的两个半波形;继续加载,波峰、波谷不断加高、加深;加载至9.5kPa时卸载,试件能恢复原状,此时仍属于弹性变形;加大荷载,至13.0kPa时,试件发出明显的响声,真空计读数出现跳跃,荷载值跌至8.0kPa,同时位移继续加大,试件发生第一次失稳;继续加载,随后荷载值反复出现跳跃,失稳波传播开来;继续加载做破坏性实验,当荷载加至40kPa时,试件表面出现不可恢复的塑性变形,实验终止。试件外包石膏表面出现与邻近波峰基本平行的细小裂缝。试件共出现13个波,最大波长8.0cm,出现在试件开露处;最小波长4.8cm,基本与最大波长相对;平均波长6.3cm,波长由开露处向封闭处逐渐缩短。 整个过程,加劲肋无偏离所在平面,无失稳现象发生

表6.7　　　　　　　　　　　　No.3.5试件实验测量记录

试件内径 r_1/cm	15.0			壁厚 t/cm		0.025	
环间距 L/cm	20.0			环厚 T_h/cm		0.3	
环高 H_h/cm	1.5			石膏空隙距离/cm		25.0	
荷载 P/($\times 10^{-3}$MPa)	1	2	3	4		5	6
位移 w/($\times 10^{-5}$m)	12	17	25	39		50	66
荷载 P/($\times 10^{-3}$MPa)	7	8	9	10		11	12
位移 w/($\times 10^{-5}$m)	89	106	121	132		145	152

实验现象	施加荷载后,试件缝隙表面出现轻微变形;荷载加至6.0kPa时,试件能出现较为明显的多波形;继续加载,波峰、波谷不断加高、加深;加载至8.0kPa时卸载,试件能恢复原状,此时仍属于弹性变形;加大荷载至8.5kPa时,试件发出明显的响声;加载至11.90kPa时,荷载突然跌至7kPa,位移继续增加;试件发生第一次失稳;继续加载,随后荷载值反复出现跳跃,失稳波传播开来,试件表面出现第二个、第三个较为明显的波形,真空计读数反复出现跳跃现象;继续加载做破坏性实验,当荷载加至55kPa时,加劲环与试件间的焊锡脱焊,实验终止。试件外包石膏出现两块剥落,分别长约12cm和9cm。试件共出现10个波,最大波长7.5cm,出现在试件开露处;最小波长5.2cm,基本与最大波长相对;平均波长6.7cm,波长由开露处向封闭处逐渐缩短。 整个过程,加劲肋无偏离所在平面,无失稳现象发生

表 6.8　　　　　　　　　　　　　　No.3.6 试件实验测量记录

试件内径 r_1/cm	15.0					壁厚 t/cm			0.025	
环间距 L/cm	20.0					环厚 T_h/cm			0.3	
环高 H_h/cm	1.5					石膏空隙距离/cm			30.0	
荷载 $P/(\times 10^{-3}\text{MPa})$	1	2	3	4	5	6	7	8	9	11	8
位移 $w/(\times 10^{-5}\text{m})$	1	4	9	27	85	161	205	240	250	271	290
实验现象	施加荷载后，试件缝隙表面出现轻微变形；加载至 5.6kPa 时，试件表面出现较为明显的多波形；继续加载，波形更为明显，波峰、波谷不断加高、加深；加大荷载，至 8.5kPa 时，试件发出明显的响声；继续加载至 11kPa 时，荷载值出现跳跃，跌至 8kPa，同时位移继续增加，试件发生第一次失稳；继续加载，随后荷载值反复出现跳跃，失稳波传播开来；当荷载加至 38kPa 时，试件表面出现不可恢复的塑性变形，实验终止。试件外包石膏出现较大裂缝，长约 20cm。试件共出现 9 个波，最大波长 8.1cm，出现在试件开露处；最小波长 6.1cm，基本与最大波长相对；平均波长 7.7cm，波长由开露处向封闭处逐渐缩短，整个试件波形分布较为均匀。整个过程，加劲肋无偏离所在平面，无失稳现象发生									

6.4.2.2 计算与实验结果对照

计算与实验结果对照见表 6.9。

表 6.9　　实验组 No.1（黄铜）无单元法、Mises 解及实验结果 P_{cr} 对照　　　　荷载 P 单位：MPa

模型\参数		弹性模量 E	117.GPa	泊松比	0.35	半径 r_1	15cm
	其他参数	环间距	7.5cm	10.0cm	15.0cm	30.0cm
模型组 No.1.1：	$t=0.015$cm $T_h=0.15$cm $R_h=15.7$cm		P_W: 0.014 (13) P_M: 0.010 (11) P_T: 0.013 (13)	P_W: 0.012 (11) P_M: 0.009 (9) P_T: 0.012 (11)	P_W: 0.010 (8) P_M: 0.007 (6) P_T: 0.009 (8)	P_W: 0.007 (6) P_M: 0.005 (5) P_T: 0.007 (6)
模型组 No.1.2：	$t=0.020$cm $T_h=0.24$cm $R_h=16.0$cm		P_W: 0.017 (14) P_M: 0.012 (12) P_T: 0.016 (13)	P_W: 0.015 (13) P_M: 0.011 (11) P_T: 0.014 (12)	P_W: 0.013 (10) P_M: 0.010 (9) P_T: 0.012 (10)	P_W: 0.010 (7) P_M: 0.008 (6) P_T: 0.010 (7)
模型组 No.1.3：	$t=0.025$cm $T_h=0.30$cm $R_h=16.2$cm		P_W: 0.020 (18) P_M: 0.013 (13) P_T: 0.018 (17)	P_W: 0.018 (15) P_M: 0.012 (11) P_T: 0.016 (13)	P_W: 0.015 (13) P_M: 0.010 (9) P_T: 0.014 (12)	P_W: 0.012 (9) P_M: 0.008 (7) P_T: 0.011 (9)
模型组 No.1.4：	$t=0.030$cm $T_h=0.36$cm $R_h=16.5$cm		P_W: 0.022 (20) P_M: 0.016 (14) P_T: 0.020 (18)	P_W: 0.019 (18) P_M: 0.013 (10) P_T: 0.017 (15)	P_W: 0.017 (14) P_M: 0.011 (9) P_T: 0.015 (12)	P_W: 0.014 (10) P_M: 0.010 (6) P_T: 0.013 (9)

从图 6.3 的计算结果与实验结果比较图中可知：No.1 试件组实验结果体现了完善管壳的抗外压失稳特征。其实验结果可与本书无单元法与 Mises 解计算结果比较：与本书无单元法（Meshless method，MM）计算结果比较，差值较小；比 Mises 解计算的结果比较，差值大。从实验角度证明本书无单元法比较可靠。

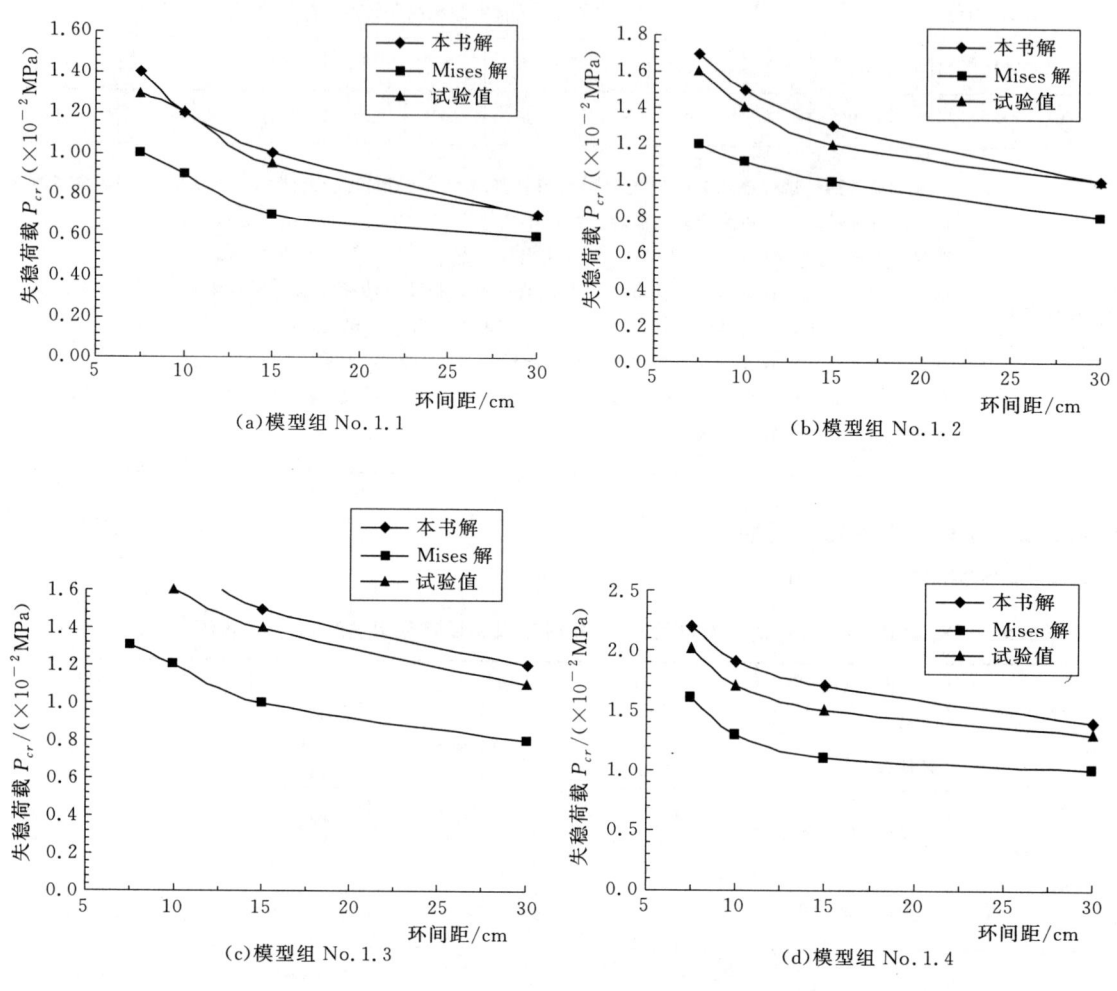

图 6.3　实验组 No.1 无单元法与 Mises 解计算结果 P_{cr} 比较

表 6.10　有缺陷实验组 No.2 与无单元法与 Mises 解计算结果 P_{cr} 对照　　荷载 P 单位：MPa

模型 \ 参数	弹性模量 E	117.6GPa	泊松比	0.35	半径 r_1	15cm
	其他参数	环间距	7.5cm	10.0cm	15.0cm	30.0cm
模型组 No.2.1：$w_c=0.10$cm $\alpha_0=2.0$cm $\beta_0=2.0$cm	$t=0.015$cm $T_h=0.15$cm $R_h=15.7$cm		P_W：0.013（12）	P_W：0.012（10）	P_W：0.008（7）	P_W：0.005（5）
			P_M：0.010（11）	P_M：0.009（9）	P_M：0.007（6）	P_M：0.005（5）
			P_T：0.012（12）	P_T：0.011（10）	P_T：0.008（7）	P_T：0.005（5）

续表

模型 \ 参数 \ 其他参数	弹性模量 E	117.6GPa	泊松比	0.35	半径 r_1	15cm
	环间距	7.5cm	10.0cm		15.0cm	30.0cm
模型组 No.2.2: $w_c=0.10$cm $\alpha_0=2.0$cm $\beta_0=2.0$cm	$t=0.020$cm $T_h=0.24$cm $R_h=16.0$cm	P_W: 0.016 (14) P_M: 0.012 (12) P_T: 0.015 (13)	P_W: 0.014 (12) P_M: 0.011 (11) P_T: 0.013 (11)		P_W: 0.011 (9) P_M: 0.010 (9) P_T: 0.011 (9)	P_W: 0.009 (6) P_M: 0.008 (6) P_T: 0.009 (6)
模型组 No.2.3: $w_c=0.10$cm $\alpha_0=2.0$cm $\beta_0=2.0$cm	$t=0.025$cm $T_h=0.30$cm $R_h=16.2$cm	P_W: 0.018 (16) P_M: 0.013 (13) P_T: 0.016 (15)	P_W: 0.016 (13) P_M: 0.012 (11) P_T: 0.014 (13)		P_W: 0.013 (10) P_M: 0.010 (9) P_T: 0.012 (10)	P_W: 0.011 (7) P_M: 0.008 (7) P_T: 0.010 (7)
模型组 No.2.4: $w_c=0.10$cm $\alpha_0=2.0$cm $\beta_0=2.0$cm	$t=0.030$cm $T_h=0.36$cm $R_h=16.5$cm	P_W: 0.019 (17) P_M: 0.016 (14) P_T: 0.018 (15)	P_W: 0.017 (14) P_M: 0.013 (10) P_T: 0.015 (12)		P_W: 0.014 (11) P_M: 0.011 (9) P_T: 0.013 (10)	P_W: 0.013 (7) P_M: 0.010 (6) P_T: 0.012 (7)

从图 6.4 的 4 个图中的可以看出：No.2 实验组实验结果体现了有初始缺陷管壳的抗外压失稳特征。与本书无单元法与 Mises 解计算结果比较，同 No.1 试件组（完善管道试件组）有相似的特征（表 6.10）。

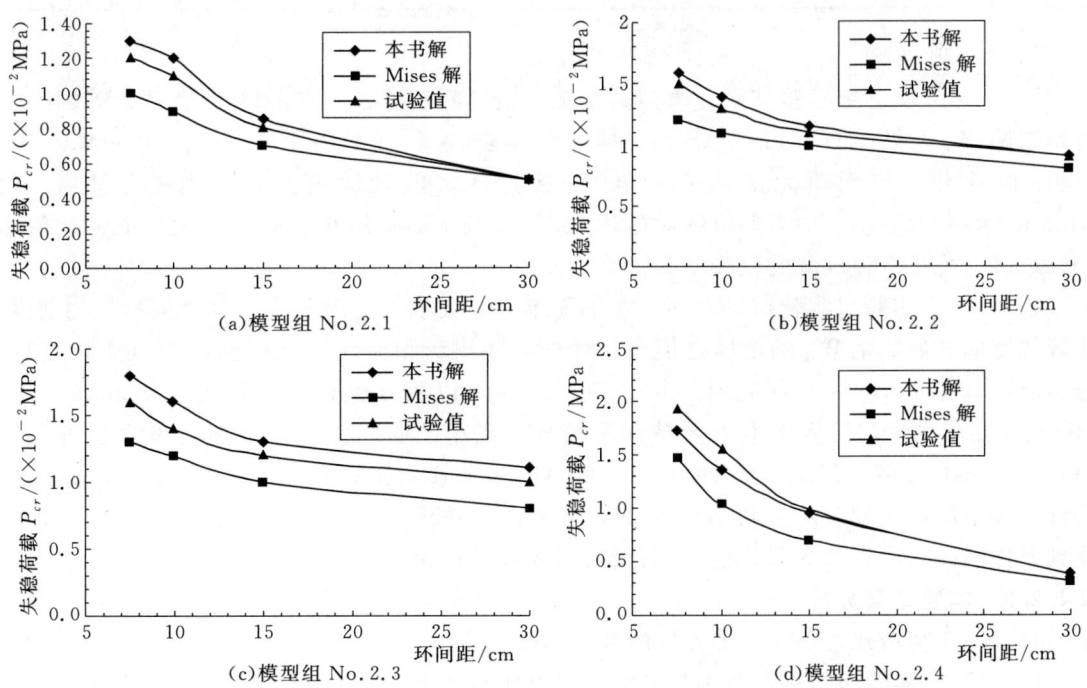

图 6.4 有缺陷实验组 No.2 与无单元法、Mises 解计算结果 P_{cr} 比较

表 6.11　No.3 模拟混凝土与管道裂隙 Δ 试件计算及实测结果对照

分项及结果	编号	No.3.1	No.3.2	No.3.3	No.3.4	No.3.5	No.3.6
弹性模量 E		\multicolumn{6}{c}{$113 \times$ GPa}					
泊松比 μ		\multicolumn{6}{c}{0.35}					
半径 r_1/cm		15.0	15.0	15.0	15.0	15.0	15.0
厚度 t/cm		0.025	0.025	0.025	0.025	0.025	0.025
环间距 L/cm		15.0	17.0	20.0	20.0	20.0	20.0
环厚 T_h/cm		0.3	0.3	0.3	0.3	0.3	0.3
环高 H_h/cm		1.5	1.5	1.5	1.5	1.5	1.5
空隙距离 k_0/cm		5.0	10.0	15.0	20.0	25.0	30.0
Mises 解	荷载/MPa	0.013	0.011	0.010	0.010	0.010	0.010
	波数	13	12	11	11	11	11
Amsutz 解取 $\Delta=0.05$cm	荷载/MPa	0.017	0.015	0.013	0.012	0.011	0.010
	波数	15	14	13	12	10	9
本书无单元解 $\Delta=W_0=0.05$cm $\alpha_0\beta_0=LK_0$	荷载/MPa	0.018	0.017	0.014	0.013	0.012	0.009
	波数	16	14	13	13	12	10
实验结果	荷载/MPa	0.020	0.017	0.015	0.013	0.012	0.011
	波数	16	15	14	13	10	9

从表 6.11 可知：

（1）No.3 实验组实验结果［模拟混凝土与钢管间裂隙 Δ，本书将 Δ 换算成等幅度的初始缺陷 W_0，见式（2.11）］。本实验中，实验结果与本书无单元法、Amsutz 解、Mises 解比较：与无单元法、Amsutz 解接近，无单元法解大，最大差值 9%，比 Amsutz 解有大有小，最大差值绝对值达 8.1%；与 Mises 解相差幅度较大，最大差值达 30% 之多，可见 Mises 解的模型不太可靠。

（2）No.3 实验组实验结果表明：本书无单元法及本书将混凝土与钢管间裂隙 Δ 换算成等幅度的初始缺陷 W_0 的措施是值得信赖的，本书无单元法在大的肋间距且无缺陷时，与 Amsutz 解、Mises 解可同时使用，三者之间可以相互验证。可以先用 Amsutz 解、Mises 解初步设计，然后用本书无单元法校核。在小的肋间距下，本书无单元法可以使用，而 Amsutz 解、Mises 解误差较大。而 Mises 公式只能适用大间距加肋管壳，这是它的计算模型所决定的。对有缺陷情况 Mises 公式无法应用。而 Amsutz 解尚可，但自身受到条件限制（已在第 3 章论述），且无法考虑缺陷的范围。

6.4.2.3　实验结果分析

1. No.1 实验组与 No.2 实验组结果的比较

（1）No.2 实验组结果与 No.1 实验组结果比较表明：有初始缺陷管壳的抗外压失稳临界荷载比完善管壳的抗外压失稳临界荷载显著降低，本实验中，$t/w_0=0.5$、$W_0=$

0.10cm 的缺陷幅度使失稳临界荷载降低 10% 左右。缺陷使失稳临界荷载降低幅度不可忽视，失稳临界荷载对缺陷有较显著的敏感性。

（2）整个过程，加劲肋无偏离其轴线所在平面，无失稳现象发生。但多个加劲肋的试件［图 6.2（b）、（c）实景记录］，肋两侧管壁的失稳波有波峰与波谷交替分布的现象。这是因为某一侧率先失稳发生时，使得肋的这一侧沿轴向出现交替的、异号的侧向作用力。接着另一侧发生失稳时，由于沿肋轴向的这种侧向交替拉压作用，该侧管壁失稳波与先失稳的一侧失稳波正好波峰与波谷相对应。工程上，还由于混凝土的夹持，最终，加劲肋在其所在平面内变形。

2. 实验结论

通过第 3 章厚壁圆筒问题的考证、第 5 章的计算分析考证、本章的计算及模型实验验证，可以得出结论：用本书无单元法分析加劲压力管道的稳定性是可以信赖的；物理模型、计算模型、数值方法是正确的、有效的。而现有的其他方法都存在各自的局限。本书设计的实验方案主要有 4 个方面的目的，通过实验，4 个目的均达到，现总结如下：

（1）实验验证了计算模型的正确性。实验观测证明：加劲肋确实没有明显侧向变形，可作为厚曲梁处理，刚度也较大，所以作线性处理。考虑薄壳几何非线性是合理的，无论是对初始几何缺陷（凹陷或鼓包）或是管壁与混凝土的缝隙缺陷 Δ 的处理，也都是符合实际的，比传统方法的模型和近期新提出的方法模型都更加科学有效。现有方法存在模型过分简化的因素，所以形成模型失真、不可靠。或许在某些特定情况下可用，一般情况下则失去应用价值。而本书的模型从工程实际出发，避免了这些情况的出现。

（2）研究了常规完善管道的失稳破坏机理及结构变化对失稳临界荷载的影响。实验结果表明：常规管道在没有明显缺陷的情况下，往往是在弹性范围内出现多波性失稳，是极值点失稳范畴，然后荷载不再上升，管道在荷载作用下，继续发生塑性变形进而发生爆破性破坏（见实验照片图）。

同时可知：加劲肋一般不会出现失稳，肋只在其轴线所在的平面内变形，同样的几何尺寸下，肋间距越大，临界荷载越小。

（3）研究了有缺陷壳失稳破坏的机理和缺陷的敏感性。通过实验可知：钢管失稳破坏对缺陷存在较强的敏感性。如果钢管在加工或施工时不慎出现凹陷或凸包，与完善壳相比，在较少的临界荷击下就会在缺陷处率先出现较大变形；对外裹混凝土出现裂隙的情况，裂隙处往往先出现凹陷，然后再加载出现多半波失稳，进而破坏。在较大的缝隙尺寸处，会同时先出现多半波，然后再加载出现多半波失稳，进而破坏。缺陷及裂隙尺寸越大，失稳临界荷载越小。这些结果都证明了临界荷载对缺陷的敏感性，有缺陷的管壳容易出现失稳。较小的缺陷就会对临界荷载产生较大的影响幅度。这就要求我们在加工及施工中要特别注重"缺陷"的排除，避免由于缺陷导致设计失败。

实验验证了 Mises 解、Amstutz 解的局限性，对肋间距较长的管道，Mises 解与本书解比较接近，较小的肋间距下，误差较大。Mises 解不考虑缺陷，Amstutz 解不考虑缺陷的范围，都是不太合理的模型假设。

（4）通过实验与计算机模拟等仿真分析手段的研究，验证了本书计算模型、计算理论及计算方法的可靠性，由此表明：本书理论成果及计算方法是正确的，实验分析是成功的。

6.5 防止外压失稳的工程措施

国内外压力钢管失稳破坏的事实说明,钢管一旦失稳破坏,不仅要增加修复所需的费用,而且会使电站停止或延期发电,在经济上造成严重的损失。为了防止钢管失稳,除了要搞好钢管的抗外压设计、计算及校核工作,比较准确而经济地选定钢管的壁厚及其加劲措施外,在工程建设中可采用如下具体措施:

(1) 钢管外设平行的排水廊道或排水管和在钢管上开排水孔、设排水支洞降低外水压力。

(2) 增加加劲环(图6.5)、焊接锚杆筋或纵向肋条以及双层套管等措施,可以提高埋藏式压力钢管的抗外压力屈曲能力。

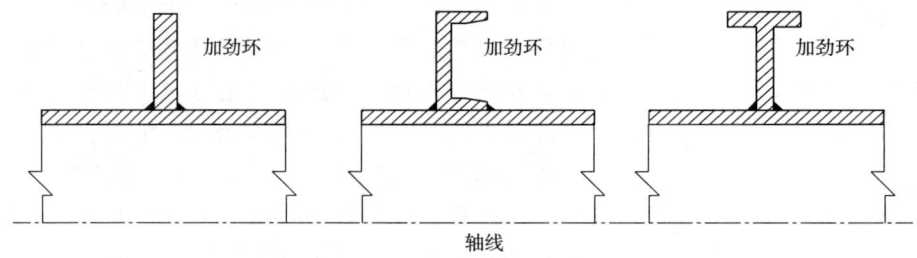

图6.5 加劲环示意图

(3) 密实灌浆,减小或消除钢管与混凝土之间的缝隙,使外围混凝土更紧密地约束钢管及加劲肋,有利于提高钢管抵抗失稳破坏的能力。

(4) 提高管道加工质量,避免初始几何缺陷,提高抗失稳能力。

(5) 注意控制施工期的灌浆压力,减小失稳诱因。在实际工程设计中选用抗外压失稳措施时,则应根据具体情况,考虑既经济又安全可靠而且施工简便的方案。例如,当内水压力是设计中的控制荷载时,也即按内水压力设计的管壁厚度足以抵抗外水压力时,则不需要考虑任何加固措施;当外水压力是控制荷载时,如果管段不长且外压不大时,则可采用增加管壁厚度的方案,否则,可以采用设加劲环或锚筋的方案。究竟采用哪种加劲措施,应通过分析比较确定。

第7章 总结与展望

7.1 总结

理论探索、计算机模拟、实验研究与分析是目前科学技术取得进步的三大主要手段。三者之间不是彼此割裂开来，而是紧密配合，互相促进，互相佐证与启迪，这种关系促成了科学技术的进步。本书有幸获得国家自然科学基金资助，有机会运用这3种手段开展无单元法理论及水工压力管道外压失稳屈曲问题的研究。这是一个机遇，也更是一种责任，经过几年的艰苦努力，取得一些阶段成果，现扼要简述如下：

（1）拟定了研究方向，收集和检索了大量中、外文献资料，对无单元法的基本理论体系、目前研究状况及正在研究的方向动态进行了比较系统的分析、分类与总结，并将这些资料剖析、概括与升华，写出了综述性文章，供人们更加快捷地了解这一方法，研究这一方法。当然，也为本课题的研究奠定了基础。

（2）对水电站压力管道外压失稳问题进行了工程实际事故调查及有关理论、经验资料的分析，对目前水工压力管道外压失稳分析的理论与方法的局限性、存在的问题进行了分析研究。建立了具有初始几何缺陷的几何非线性肋、壳组合体弹性分析模型。在模型研究上，还创造性地将混凝土与钢管间的裂隙缺陷转化为壳的初始几何缺陷，使压力管道外裹混凝土的缺陷研究进入了理性化阶段。新计算模型反映工程实际，考虑了临界荷载对缺陷的敏感性，体现了现代薄壳稳定性分析的新成果。同时，提出了用无单元法研究压力管道外压失稳屈曲分析的新思路。

（3）对无单元场函数构造技术进行了研究。本书分析了各种无单元方法构造场函数的一般技术特点，以备受人们关注的 MLS 方法为重点，指出了无单元法技术的关键所在。总结了无单元法的以下优点：只需结点不需单元，基于紧支承域的有限覆盖技术；从局部到整体的神秘"移动"技巧；不需考虑单元协调性，可方便构造高阶完备场函数的优势。也总结了无单元方法的缺点：由于隐性求场函数计算工作量大；场函数无插值性使本质边界条件不易处理。所以本书扬优去劣，并沿用有限元法直接构造场函数的思路，在 Taylor 展开的框架上，创造性构思了具有无单元法及有限元法双重优点的新型无单元场函数构造技术。这一新方法的优点是：继承了无单元法的优点，淘汰了无单元法的缺点，像有限元方法一样，直接构造场函数，且具有插值性，所以计算量大大减少，本质边界条件可以方便地进行。

（4）研究了无单元法在非凸区域处权函数的影响域。在非凸区域，如尖锐凹角、裂纹尖端、高速冲击或侵彻区域等，这些地方是高梯度场所在地，而权函数的影响路径在此往往被阻断，影响区的正常计算受到破坏，过去的几种办法（衍射准则、可视准则、透明准则等）不易求出公式中的几何量，计算烦琐。本书在总结前人工作的基础上，构造了新的准则——弦弧准则。新准则容易计算、效果合理，接受了实例的检验。为今后类似大量问题的处理（无单元法优势在于处理这类区域）创造了简便有效的方法。

另外，还对不规则边界区域在高斯积分网格内的高精度积分技术进行了研究。同时还用计算机模拟分析了断裂问题，取得了理想的效果，验证了本书提出的理论与方法的可靠性。

（5）推导了厚曲梁、有初始几何缺陷薄壳的基本方程。在各种力学问题的研究中必须推导这些结构的几何方程，所以本书用张量分析、矢量分析及微分几何等近代数学工具推导了厚曲梁的几何方程，推导了具有任意初始几何缺陷的薄壳的非线性几何方程。壳体的几何方程具有一般性，可退化到特殊壳体，也可退化到线性或无缺陷的壳体，为类似壳体结构的分析奠定了不可或缺的基础。因此具有重要的理论及应用价值。

（6）在计算模拟方面，本书将上述成果应用于实例分析，与传统计算方法进行了比较，也与实验成果进行了比较。证明了传统加肋压力管道失稳分析理论方法的局限性，也验证了这些理论成果的可靠性与精确性。同时与实验研究的缺陷分析进行了对比，考察了临界荷载对缺陷的敏感性。也证明了这种缺陷模拟转化方法的合理性与科学性。

（7）在实验分析方面，本书在这方面进行了开创性研究。自行设计了实验方案，实验设计具有独创性。利用自行设计的实验方案，获得了以下成果：

1）验证了计算模型的正确性：加劲肋确实没有明显侧向变形，可作为厚曲梁处理，刚度也较大，所以作线性处理。无论是对壳的几何非线性假设，或是对加肋的模型处理，或是对初始几何缺陷（凹陷或鼓包）、管壁与混凝土的缝隙缺陷 Δ 的处理，都是符合实际的。

2）弄清了完善钢管的失稳破坏机理及结构尺寸变化对其失稳临界荷载的影响：常规管道在没有明显缺陷的情况下，往往是在弹性范围内出现多波性失稳，是极值点失稳范畴。同时可知：加劲肋一般不会出现失稳，肋只在其轴线所在的平面内变形，同样的几何尺寸下，肋间距越大，临界荷载越小，壳壁越薄，临界荷载越小。

3）弄清了有缺陷钢管的失稳破坏机理及其临界荷载对缺陷的敏感性：如果管道在加工或施工时不慎出现凹陷或凸包，与完善壳相比，在较少的临界荷击下就会在缺陷处出现大的变形，进而失稳。同时对外裹混凝土出现裂隙的情况，裂隙处往往先出现凹陷。在较大的缝隙尺寸处，会同时先出现多半波，然后再加载出现多半波失稳，进而破坏。临界荷载对缺陷比较敏感，缺陷及裂隙尺寸越大，失稳临界荷载越小。

4）实验验证了 Mises 解、Amstutz 解的局限性，现有的解析或经验公式仅在肋间距较大，壁厚较小，且基本无缺陷的情况下可以用。实验仿真分析结果表明：本书理论成果及计算方法具有很好的可靠性。

（8）本书强调理论方法的普适性。从模型上讲，带缺陷的加肋薄壳，广泛存在于工程结构中，而且可方便地退化到简单结构体；从计算方法本身讲，有限元方法能够处理的问题无单元方法可以处理，有限元方法难以处理的问题无单元方法却仍然卓有成效；从应用领域讲，本书方法不仅可应用于水工压力管道问题，而且可应用于其他类似的工程问题；

从实验分析的角度讲，为其他类似工程结构的实验分析提供了宝贵经验与方法。

本书在每一步工作中力求扬优去劣，并严谨构思、力求创新。经过理论研究、数值模拟与实验研究，主要取得了以下创新性成果：

1) 综合分析了目前压力钢管稳定性分析理论与方法，指出了现有理论与方法的不足之处；经过工程调研和试验研究，创建了带缺陷加肋压力钢管几何非线性稳定性分析的数学物理模型。

2) 创建了无单元方法新技术。在消化吸收目前无单元法思想内涵的基础上，借鉴其他数值计算方法的优点，提出了更加方便、有效的场函数构造新方法。新形函数构造技术，计算简便且有过点插值性，使本质边界的处理像有限元法一样方便；针对无单元法在处理裂缝尖端、尖锐凹角的尖端等处的高梯度场问题的影响域时，会遇到影响路线被边界阻断而绕道传递的情况，在保证计算精度的情况下，本书提出了新的影响域计算公式——弦弧准则；还研究了不规则边界在高斯积分网格内的高精度积分技术，等等。

3) 本书把加肋壳看作肋与壳的组合体，将肋作为厚曲梁来处理，形成新的计算模型。该分析模型可方便地退化到完善壳、小变形壳及无肋壳等问题的分析。作者借助张量分析，推导了厚曲梁的几何方程；借助微分几何及矢量分析推导了任意初始几何缺陷薄壳的非线性几何方程；还构造了无"闭锁"现象的厚曲梁的场函数，它可方便地应用于厚曲梁退化到浅曲梁的情况。

4) 创造性地提出一种管壳外压稳定性分析的加载技术及配套技术。验证了本书提出的计算模型、计算理论与计算方法的正确性。还将计算机模拟与实证性实验相结合进行仿真分析，研究了管壳几何因素、缺陷因素对失稳临界荷载的影响，同时也证明了传统方法的局限性。达到了预期的实验目的。

本书拓宽了无单元法应用的领域，发展了无单元新方法，提出了压力管道外压稳定性分析与设计的新理论。无单元法是一个发展中的方法，对压力管道这种大型薄壳结构的稳定性分析是人们较少涉及的领域（文献检索量很少）。对实验分析，因实验方案难以实现，耗资太大，所以少有人问津。选择无单元法与压力管道稳定性分析作为研究目标并将二者有机地结合是一个研究空白。它的成果不仅丰富了无单元法的理论成果，也为压力管道的设计应用开辟了新的道路。因此具有重要的理论及应用价值。作者相信，本书的研究成果不仅会在无单元法的理论研究与应用方面有重要意义，而且在压力管道稳定性理论研究与应用方面都会发挥重要的作用。

7.2 展望

经过多年的努力，作者乃至其他协助者为本书付出了大量的心血，最终也取得了一些成果。但由于时间的限制及作者的能力有限，尚有很多问题未能深入研究，作者认为下面这些问题是本书应继续完成的工作，现列述如下：

（1）无单元法是个新兴的方法，尽管它的理论框架初见雏形，目前也已有各种各样的无单元法形式出现，但有一个问题是无单元法对解决三维的各种工程问题还是一个薄弱的区域，像三维动态裂纹的扩展、三维的加工成型、三维的高速冲击及侵彻等。由于这些三维问题，几何描述更复杂，介质破坏形态更复杂，使得无单元法理论研究大受局限。其实，任何一种方法在初始成长期都有一个适应的过程，正如有限元方法一样，初始也只能对平面或杆系结构比较适应，随着不断深入研究，各种新的单元形式相继问世，各种复杂的问题得以克服。三维问题是无单元法的陌生区域，有待进一步研究，尽管有人已经涉及三维问题，但尚不成熟。

（2）无单元法，H格式、P格式及H-P格式的自适应分析问题，这对自动加强处理一些高梯度场很有意义。目前一些作者也对之进行了研究，但整个框架还不成体系。迫切希望有一套自动处理的程序而不是停留在人为干涉的阶段。

（3）压力管道稳定性分析还有许多方面需进一步研究，如锚杆对压力管道稳定性分析的影响。工程中常用一些锚杆加强管道的刚度，或锚住肋或锚住钢管，那么这些锚杆的影响不可低估。锚杆太少，起不到太大作用；锚杆太多，造价高，锚杆焊接对管道也有热应力沉积，对管壳产生新的不利。所以这是值得研究的问题，因为锚杆可能会花较小的代价达到较大的稳定性效果。

（4）本书计算程序主要考虑压力管道的稳定性分析，所以计算程序设计目前还缺乏通用性，实验设计也具有一定的局限性，因地下结构受力很复杂，实验很难精确模拟地下压力管道的实际受力特征及约束环境。同时，考虑模型与实际结构的相似比极其困难。实验虽达到了目的，但由于受到诸多客观条件（包括经费）的限制，实验中的许多设想受到制约。待条件允许，将继续进行补充与完善。

（5）由于本书主要考虑偶然的突发外压（如管道抽真空形成的负压、灌浆压力等），为了抓住主要矛盾，所以没有强调其他荷载的作用，如土体压力、岩石压力等。同时对外压的处理，也主要考虑了均匀外压；由于时间关系和作者精力有限，对可能的随机分布荷载作用下的稳定性分析未能涉及，塑性分析也没有涉猎，在本书进行的下一步工作中将重点研究这些问题。

上述问题是作者很感兴趣的问题，也是作者想研究的问题，也是目前尚未成行的问题，作者虽然做了部分工作，但是由于问题的复杂性和作者能力有限，欠缺之处在所难免，还望专家评阅后，不吝赐教，使本书进一步完善。此处列述，以期今后努力之，也供有志之士参考以鉴。

参 考 文 献

[1] 钟秉章,马善定. 水电站埋藏式压力钢管弹塑性设计原理和方法 [J]. 水利学报,1983 (4): 26-33.
[2] 马善定. 坝内钢管强度设计的问题及改进 [J]. 武汉水利电力学院学报,1986,19 (5): 17-25.
[3] 伍鹤皋,马善定. 混凝土塑性对坝内埋管承载力影响的试验研究 [J]. 水利水电技术,1988 (2): 9-13.
[4] 路振刚,董毓新. 压力管道的几何优化设计 [J]. 大连理工大学学报,1992,32 (4): 448-454.
[5] 伍鹤皋,马善定. 坝内埋管极限状态设计方法 [J]. 水利学报,1998 (3): 28-34.
[6] 王金龙,丁旭柳,伍鹤皋. 水电站埋藏式压力钢管设计准则探讨 [J]. 人民珠江,2001,(2): 56-72.
[7] 伍鹤皋,陈观福,王金龙,等. 埋藏式压力钢管抗外压稳定分析 [J]. 武汉水利电力大学学报, 1998 (8): 14-17.
[8] 陈观福. 带加劲环埋藏式压力钢管的外压屈曲分析 [J]. 水利电力科技,1998 (8): 46-51.
[9] 诸葛睿鉴. 关于压力钢管设计规范的讨论 [J]. 云南水力发电,2003,19 (1): 35-39.
[10] 罗代明,李莎. 大七孔电站压力钢管应力与稳定分析 [J]. 水利水电工程设计,2004,23 (3): 10-12.
[11] 李光顺,李小庆. 龙滩水电站地下埋藏式压力钢管设计 [J]. 水力发电,2004,30 (6): 32-37.
[12] 刘琰玲,刘东常,孟闻远,等. 埋藏式压力钢管受外压失稳屈曲分析的半解析有限元法 [J]. 水力发电学报,2004,23 (3): 21-26.
[13] 赖华金,范崇仁. 带加劲环埋藏式压力钢管外压屈的曲研究 [J]. 水利学报,1999 (12): 30-36.
[14] 卢亦炎,周婷,易越磊,等. 碳纤维布加固混凝土内压管道承载力计算方法研究 [J]. 武汉大学学报 (工学版),2003,(6): 23-28.
[15] 杨耀,姚英平. 三峡压力管道平面结构模型强度试验研究 [J]. 东北水利水电,2001,19 (10): 45-49.
[16] 于永军,赵子涛. 胶接法封堵灌浆孔在小浪底压力钢管工程中的应用 [J]. 水力发电,2004,30 (9): 34-39.
[17] 刘琰玲,藉东,刘东常,等. 有限柱壳条元法在埋藏式压力钢管外压稳定分析中的应用 [J]. 长江科学院院报,2004,21 (5): 31-37.
[18] 张曼曼,陈念水,吴曾谋,等. 公伯峡水电站发电引水压力管道设计 [J]. 水力发电,2004,30 (8): 43-48.
[19] 李光顺,李小庆. 龙滩水电站地下埋藏式压力钢管设计 [J]. 水力发电,2004,30 (6): 31-36.
[20] 冯艳蓉,李才,李奎生. 丰满水电站老压力钢管加固与改造 [J]. 水力发电学报,2001,(2): 41-45.
[21] 马振远,陈复州. 引子渡水电站压力钢管分岔管制作安装与质量控制 [J]. 大坝与安全,2004 (2): 54-56.
[22] 丁春富,邹雄玲,顾东海. 套入式更换水电站压力管道施工 [J]. 小水电,2004 (3): 24-28.
[23] 张浩,王国安,邓海. 压力钢管有限元分析. 四川水力发电,2004,23 (1): 21-25.
[24] 张世平. WDB620高强钢板焊接在高桥电站压力钢管中的应用 [J]. 云南水力发电,2004,20 (3): 29-34.
[25] 诸葛睿鉴. 也谈响水电站钢管失稳原因 [J]. 云南水力发电,2003,19 (4): 29-33.

[26] 卢亦炎,周婷,易越磊,等.碳纤维布加固混凝土内压管道承载力计算方法研究[J].武汉大学学报(工学版),2003,36(6):37-43.

[27] 孟凡红,唐德远.引子渡水电站压力钢管制作安装全过程控制[J].贵州水力发电,2003,17(5):35-39.

[28] 黄国清.天生桥二级水电站Ⅲ号隧洞压力钢管瓦片制作中几何尺寸的控制[J].水利水电技术,2003,34(10):43-48.

[29] 韩桂勇,欧阳运华,李建华.西藏金河电站输水压力钢管埋弧自动焊的应用[J].水力发电,2003,29(8):35-40.

[30] 吴东.在内水压力作用下设软垫层的坝内钢管应力问题的一种解法[J].广东水利水电,2003,(2):47-51.

[31] 陈静娥.水电站压力隧洞及地下压力钢管排水系统设计[J].人民珠江,2002,(5):41-45.

[32] 曾怀忠.响水电站高压埋管修复工程压力钢管焊缝施工[J].云南水力发电,2002,18(3):32-36.

[33] 柏子伦.天生桥二级水电站压力钢管设计[J].贵州水力发电,2001,15(3):31-36.

[34] 孙君实.压力钢管加劲环"当量荷载长度"$0.78\sqrt{rh}$的由来[J].水力发电学报,1999,(4):31-35.

[35] 陈观福,伍鹤皋,简建勇,等.地下埋藏式压力钢管强度分析的改进方法[J].水电能源科学,1999,17(3):54-58.

[36] 陈观福,张楚汉,伍鹤皋.地下埋藏式压力钢管非线性有限元分析[J].水利水运科学,2000,15(3):32-37.

[37] 裴海林.压力钢管的压力脉动[J].水力发电学报,2001(2):41-46.

[38] Mccaig I. W, Folberth P. J. The buckling resistance of steel liners for circular pressure tunnels [J]. International Water Power and Dam Construction, 1962, 14 (7): 272-278.

[39] Jacoben S. Buckling of pressure tunnel steel linings with shear connectors [J]. International Water Power and Dam Construction, 1968, 20 (6): 58-62.

[40] Amstutz E. Buckling of pressure-shaft and tunnel linings [J]. International Water Power and Dam Construction, 1970, 22 (11): 391-399.

[41] Jacoben S. Presusure distribution in steel lined rock tunnels and shafts [J]. International Water Power and Dam Construction, 1977, 29 (12): 47-51.

[42] Jacoben S. Steel linings for hydrotunnels [J]. International Water Power and Dam Construction, 1983, 35 (1): 23-62.

[43] Rowse A. A Penstock protection system at the Cedegolo Plant inItaly [J]. International Journal on Hydropower & Dams, 1998, 5 (4): 44-55.

[44] Adamkowski Case study: Lapino Powerlant Penstock Failure [J]. Journal of Hydraulic Engineering, 2001, 127 (7): 547-555.

[45] 国家能源局.NB/T 35056—2015 水电站压力钢管设计规范[S].北京:中国电力出版社,2016.

[46] 杜启端.现代玻壳非线性稳定性理论的发展和应用[J].强度与环境,2002(3):41-58.

[47] S. P. 铁木生柯.材料力学史[M].上海:上海科学技术出版社,1961.

[48] Monghan J J. An introduction to SPH [J]. Comput. Physics Commun, 1988 (48): 89-96.

[49] David A Fulk, et al. An Analysis of 1-D SPH kemels. J Computational Physics. 1996 (126): 165-180.

[50] Gordon R Johnson, et al. SPH for high velocity impact computations [J]. Comput Methods Appl Mech Engrg, 1996 (136): 347-343.

[51] Gordon R. Johnson, et al. Nomalized smoothing functions for SPH impact computations [J]. Int J Numer, Methods Engrg, 1996 (139): 2725-2741.

[52] Dyka C. T, et al. An approch for tension instability in smoothed particle hydrodynamics [J]. Computer & Structure, 1995, 57 (4): 573-580.

[53] Larry D. Labersky. High strain Lagrangian Hydrodynamics. A 3-D SPH code for Dynainic material response [J]. J Comput Physics, 1993 (109): 67-75.

[54] Belytschko A. G. et al. Cylindrical SPH [J]. J Comput Physics, 1993 (109): 76-83.

[55] Swegle JW. SPH stability analysis [J]. J Comput Physics, 1995 (116): 123-134.

[56] Kansa E. Multiquardics Methods—a scattered data appraximation scheme with application to computional fluid dynamics: 1: Surface approximation andpartial derivative estimates [J]. Comput Math Applic, 1990 (19): 127-145.

[57] Dyka C. T., et al. Stress points for tension instability in SPH Int. [J]. Numer Methods Engng, 1997 (40): 2325-2341.

[58] Nayroles B, Touzot G, Villon P. Diffuse approximation and diffuse elemonts [J]. Comput Mech, 1992 (10): 307-318.

[59] Amaratunga K, et al. Wavelet-Galerlan solution for one-D partial differential equation [J]. Int J Numerical Methods Engng, 1994 (37): 2703-2716.

[60] Ming-Quayer Chen, Chyi Hwang, Yen-Ping Shih, etc. The compution of Wavelet-Galerkin approximation on a bounded interval [J]. Numer. Methods Engng, 1996 (39): 2921-2944.

[61] Sonia M. Gomaes, Elsa Cotina Convergence estimates the Wavelet-Galerkin Method SIAM [J]. Numer. Anal, 1996, 33 (1): 149-161.

[62] Liu W K, et al. Reproducing kernet partide methods [J]. Int J Numer Methods Fluids, 1995, (20): 1087-1106.

[63] Liu W K, et al. RKPM for structure dynamics [J]. Int J Numer Methods Engng, 1995 (38): 1655-1679.

[64] Liu W K, et al. Generalized multiple scale RKPM [J]. Comput Methods Appl Mech Engng, 1996 (139): 95-157.

[65] Hulbert G M. Application of RKPM in electromagnetics [J]. Comput Methods Appl Mech Engng, 1996 (139): 229-235.

[66] Chen J S, et al. RKPM for large deformation analysis of non-linear strictures [J]. Comput Methods Appl Engrg, 1996 (139): 195-227.

[67] Jium S, et al. Expflicit RKPM for large deformation problems [J]. Int J Numer Methoeds Engng, 1998 (47): 137-166.

[68] Lancaster P, et al. Surfaces generated by moving least squares methods [J]. Mathemics of Computation, 1981 (34): 141-158.

[69] Liu W. K., Shaofan Li, Ted Belytschko Moving least-square reproducing kernel methods (1) methodology and convergence [J]. Comput Methods Appl Mech Engng, 1997 (143): 113-154.

[70] Shaofan Li, W. K. Liu. Moving least-square reproducing kernel methods (2) Fouries analysis [J]. Comput Methods Appl. Mech. Engng, 1996 (139): 159-193.

[71] Liszka T J, et al. HP-meshless cloud methool [J]. Comput Methods Appl Mech Engng, 1996 (139): 263-288.

[72] Nayroles B, Touzot G, Villon P. Diffuse approximation and diffuse elemonts [J]. Comput Mech, 1992 (10): 307-318.

[73] Belytschko T, et al. Element-free Galerkin Methods [J]. Inn J Numer Methods Engng, 1994 (134): 229-256.

[74] Lu Y. Y., et al. A new implementation of the Element Free Galerkin method [J]. Comput Meth-

ods Appl Mech Engng, 1994 (113): 397-114

[75] Lu Y. Y., et al. EFGM for wave propagation and daynamic fracture [J]. Comput. Methods Appl Mech Engng, 1995 (126): 131-153.

[76] Hegen D. EFGM in combination with FE approaches [J]. Comput Methods Appl Mech Engng, 1996 (135): 143-166.

[77] Igor Kaljevic, et al. An improved Element Free Galerldin formulation. [J] Int J Ntmuer Methods Engng, 1997 (40): 2953-2974.

[78] Petr Krysl, et al. Analysis of thin Shells by the EFGM [J]. lnt J Solids Structure, 1996, 33 (20-22): 3057-3080.

[79] Petr Ktysl, et al. EFGM Convergence of the continuous and discontinuous shape functions [J]. Comput Methods Appl Mech Engng, 1997 (148): 257-277.

[80] Modanessi H, et al. EFGM for deforming multiphase porous media [J]. Int J Numer Methods Engng, 1998, 42: 313-340.

[81] Bouillard Ph, et al. EFGM solutions for helmholtz problems [J]. Comput Methods Appl Mech Engng, 1998 (162): 317-335.

[82] Petr Krysl, et al. The EFGM for dynamic propagation of a arbitrary 3-D cracks [J]. Int J Numer Methods in Engng, 1999 (44): 767-800.

[83] Belytschko T. Dynamic fracture using EFGM [J]. Lnt J Numer Methods Engng, 1996 (36): 923-938.

[84] Cordes L W, et al. Treatment of material discontinuity in the EFGM [J]. Comput Methods Appl Mech Engng, 1996 (139) 75-89.

[85] Fliming M, et al. Enriched EFGM for crack tip fields [J]. lnt J Numer Methods Engng, 1997 (40): 1483-1504.

[86] Ponthot J P, et al. Arbitrary Iagrangian-Eulerian formulation for EFGM [J]. Comput Methods Appl Mech Engng, 1995 (152): 19-46.

[87] Kmngauz T. EFG approximation with discontinuous derivitives [J]. Int J Numer Methods Engng, 1998 (41): 1215-1233.

[88] Onate E, Ldelsohn S, et al. Finite point methods in computational mechanics [R]. Research Report 67 Cirnne barcelona, July 1995.

[89] Onate E, et al. A stabilized-finite point method for analysis of fluid mechanics problems [J]. Comput Methods Appl Mech Engng, 1996 (139): 315-346.

[90] Onate E, et al. A finite point method in computational mechanic application to comvective transport and fluid flow [J]. Int J Numer Method Engng, 1996 (39): 3839-3846.

[91] Babuska I. The partition of unity method [J]. Int J Numer Methods Engng, 1997 (40): 727-758.

[92] Melenk J M. The Partition of unity finite element method: Basic theory and applications [J]. Comput Methods Appl Mech Engng 1996, 139: 289-314.

[93] 李树忱, 程玉民. 基于单位分解法的无网格数值流形方法 [J]. 工程力学, 2004, 36 (4): 496-500.

[94] 石根华. 数值流形方法与非连续变形分析 [M]. 北京: 清华大学出版社, 1997.

[95] 周维垣, 杨若琼, 剡公瑞. 流形元法及其在工程中的应用 [J]. 岩石力学与工程学报, 1996, 15 (3): 211-218.

[96] 朱以文, 曾又林, 陈明祥. 岩石大变形分析的增量流形方法 [J]. 岩石力学与工程学报, 1999, 18 (1): 3-9.

[97] 王芝银, 王思敬, 杨志法. 岩石大变形分析的流形方法 [J]. 岩石力学与工程学报, 1997, 16 (5): 399-404.

[98] 王水林，葛修润. 流形元方法在模拟裂纹扩展中的应用 [J]. 岩石力学与工程学报，1997，16 (5)：405-410.

[99] Sukumar N, et al. The Natural Element in solid mechanics [J]. Int J Numer Method Engng, 1998 (43): 839-887.

[100] Belytschko T, et al. Meshless: An overview and recent developments [J]. Comput Meth Appl. Mech Engng, 1996 (139): 39-47.

[101] Gingold R A, Monaghan J J. Smoothed Pparticle Hydrodynamics [J]. Theory and application to non-spherical stars. Mthly Notice Roy AstronSoc, 1977 (181): 375-389.

[102] Lucy L B. A numerical approach to the testing of fusion process [J]. The Astron J, 1977 (88): 1013-1024.

[103] P. W. Randles, L. D. Libersky Smoothed Particles Hydrodynamics: Some recent Improvements and applications Comput. Methods [J]. Appl. Mech. Engng, 1996 (139): 375-408.

[104] Oden J T, et al. A new cloud-based hp finite element method [J]. Comput Methods Appl Mech Engng, 1998 (153): 117-126.

[105] Brain M. Donning, W. K. Liu Meshless methods for shear-deformable beams and plates [J]. Comput Methods Appl Mech Engng, 1998 (152): 47-71.

[106] Belytschko T., Krongauz Y. Dolbow J., Gerlach C. On the completeness of meshfree particle methods [J]. International J. for Numer. methods In Eng, 1998 (43): 785-819.

[107] Krysl P, Belytschko T. The element free Galerkin method for dynamic propagation of arbitrary 3-D cracks [J]. International Journal for Numerical Methods in Engineering, 1999 (44): 767-800.

[108] Belytschko T, Organ D, Gerlach C. Element-free Galerkin methods for dynamic fracture in concrete. [J]. Comput methods Appl. Mech. Engng, 2000 (187): 385-399.

[109] Venini P, Morana P. An adaptive wavelet-Galerkin method for and elastic-plastic-damage constitutive model: ID problem [J]. Comput methods Appl. Mech. Engng, 2001, 190 (42): 5619-5638.

[110] Gu Y T, Liu G R. A coupled element free Galerkin/boundary element methods for stress analysis of two-dimensional solids [J]. Comput methods Appl Mech Engng, 2001, 190 (34): 4405-4419.

[111] 宋康祖，陆明万. 无网格方法综述. 见：清华大学工程力学、数学、热物理学术会议论文集 [C]. 北京：清华大学出版社，1998，340-345.

[112] 张锁春. 光滑质点流体动力学（SPH）方法（综述）[J]. 计算物理，1996，13 (4)：385-397.

[113] 贝新源，岳宗五. 三维 SPH 程序及其在斜高速碰撞问题的应用 [J]. 计算物理，1997，14 (2)：155-166.

[114] 周维垣，寇晓东. 无单元法及其工程应用 [J]. 力学学报，1998，30 (2)：193-202.

[115] 刘欣. 无网格数值方法研究 [D]. 南京：南京航空航天大学，1998.

[116] 刘素贞，杨庆新. 二维电场的无单元数值解法 [J]. 河北工业大学学报，1999，28 (2)：31-36.

[117] 张建辉，王成. 无单元法在弹性地基板计算中的应用 [J]. 重庆建筑大学学报，1999，21 (2)：84-88.

[118] 庞作会，葛修润，王水林. 无网格伽辽金法（EFGM）在边坡开挖问题中的应用 [J]. 岩土力学，1999，20 (1)：61-64.

[119] 庞作会，葛修润，郑宏，等. 一种新的数值计算方法——无网格伽辽金法（EFGM）[J]. 计算力学学报，1999，16 (3)：320-329.

[120] 刘素贞，杨庆新，陈海燕. 无单元法和有限元法的比较研究 [J]. 河北工业大学学报，2000，29 (5)：31-37.

参考文献

[121] 邹振祝,陈建. 无单元法在孔洞应力集中问题中的应用[J]. 石家庄铁道学院学报,2000,19(1):21-26.

[122] 寇晓东,周维垣. 应用无单元法近似计算拱坝开裂[J]. 水利学报,2000,(10):28-35.

[123] 张伟星,庞辉. 无单元法分析弹性地基板[J]. 力学与实践,2000,22(3):38-41.

[124] 周小平,周瑞忠. 对无单元法插值函数的几点研究[J]. 福州大学学报(自然科学版),2000,28(2):52-56.

[125] 陈建,吴林志,杜善义. 采用无单元法计算含边沿裂纹功能梯度材料板的应力强度因子[J]. 工程力学,2000,17(5):139-144.

[126] 何沛祥,李子然,吴长春. 无网格法与有限元法的耦合及其对功能梯度材料断裂计算的应用[J]. 中国科学技术大学学报,2001,31(6):673-680.

[127] 陈虹,林建华. 用无单元法求解河道水流运动方程[J]. 计算力学学报,2001,18(2):250-252.

[128] 白泽刚,杨元明. 一种新型核函数下的无单元法及应用[J]. 西安建筑科技大学学报,2001,33(1):99-102.

[129] 周瑞忠,周小平,缪圆冰. 具有自适应影响半径的无单元法[J]. 工程力学,2001,18(6).499-503.

[130] 栾茂田,田荣,杨庆,等. 有限覆盖无单元法在岩土类弱拉型材料摩擦接触问题中的应用[J]. 岩土工程学报,2002,24(2):137-141.

[131] 马泽玲,刘学文,王燕昌. 无单元法应用于节理岩体[J]. 宝鸡文理学院学报(自然科学版),2001,21(2):67-71.

[132] 彭自强,王水林,葛修润. 单位分解法、无网格法、数值流形方法之形函数的内在联系[J]. 岩石力学与工程学报,2002,21(A02):2429-2431.

[133] 韦斌凝. 符拉索夫地基上筏基分析的样条无单元法[J]. 广西科学,2002,19(4):246-249.

[134] 李广信,葛锦宏,介玉新. 有自由面渗流的无单元法[J]. 清华大学学报(自然科学版),2002,42(11):1522-1555.

[135] 曹国金,姜弘道. 无单元法研究和应用现状及动态[J]. 力学进展,2002,32(4):526-534.

[136] 张选兵,葛修润. 研究无单元边界条件的一种新方法——全变换方法[J]. 岩石力学与工程学报,2002,21(A02):2457-2464.

[137] 介玉新,高波,李广信,等. 无单元元法在堤坝防渗墙应力分析中的应用[J]. 长江科学学院院报,2003,20(2):30-33.

[138] 陈莘莘,李庆华. 用无单元法求解稳态热传导问题[J]. 株洲工学院学报,2003,17(5):86-90.

[139] 秦雅菲,张伟星. 无单元法分析薄板自由振动问题[J]. 力学与实践,2003,25(5):37-40.

[140] 王志亮,甘友文. 点插值法非线性模拟软基固结沉降问题[J]. 水电自动化与大坝监测,2003,27(6):53-55.

[141] 程玉民,陈美娟. 弹性力学的一种边界无单元法[J]. 力学学报,2003,35(2).181-186.

[142] 刘学文,丁丽宏,王燕昌. 配点型点插值加权残值法[J]. 宝鸡文理学院学报(自然科学版),2003,23(2):139-147.

[143] 唐少武,冯振兴. 关于无单元法的若干注记[J]. 力学进展,2003,33(4):560-561.

[144] 苗红宇,张雄,陆明万. 分阶拟合直接配点无网格法[J]. 工程力学,2003,20(5):48-52.

[145] 文建波,周进雄,张红艳,等. 基于Delaunay三角化的无网格法计算结果后处理[J]. 应用力学学报,2003,20(4):105-107.

[146] 胡云进,朱智兵,周维垣. 无单元法对三维不连续面的模拟[J]. 岩石力学与工程学报,2004,23(18):3127-3131.

[147] 王志亮,吴勇. 大面积填土自重固结非线性无单元法解 [J]. 人民长江,2004,35 (4): 35-37.

[148] 卿启湘,李光耀,王水和,等. 棒材通过锥形模静液挤压成形的无网格法分析 [J]. 计算力学学报,2004,21 (6): 647-652.

[149] 卿启湘,李光耀,刘潭玉. 棒材拉拔问题的弹塑性无网格法分析 [J]. 机械工程学报,2004,40 (1): 85-89.

[150] 张苾芬,林建国,严世强,等. 无网格九点差分法在求解海洋污染中的应用 [J]. 大连海事大学学报,2004,30 (1) 78-80.

[151] 秦荣. 板壳非线性分析的新理论新方法 [J]. 工程力学,2004,21 (1): 9-14.

[152] 仲武,陈云飞. 毛细管电渗流微泵的流体动力学的数值仿真 [J]. 机械工程学报,2004,40 (2): 73-77.

[153] 王洪涛,姚振汉,岑松. 二维弹性静力学的奇异杂交边界点法 [J]. 燕山大学学报,2004,28 (2): 133-136.

[154] 杨宇红,秦伶俐,周喆. 无网格法中 SPH 法和 MLS 法的对比 [J]. 农机化研究,2004 (5): 113-117.

[155] 李树忱,程玉民. 基于单位分解法的无网格数值流形方法 [J]. 力学学报,2004,36 (4): 496-500.

[156] 张晓哲,王燕昌. 固体力学中的加权余量法简介 [J]. 青海师专学报,2004,24 (5): 49-51.

[157] 朱合华,叶勇庚,李晓军,等. 任意形状区域的自动布点技术 [J]. 工程力学,2004,21 (5): 94-99.

[158] 刘红生,杨玉英,徐伟力. 基于流形覆盖的无网格法 [J]. 材料科学与工艺,2001,12 (5): 506-508.

[159] 温宏宇,娄臻亮,阮雪榆. 基于无网格法的板料成形数值模拟的研究探索 [J]. 锻压装备与制造技术,2004,39 (4): 98-100.

[160] 王学明,周进雄,张陵. RKPM 形状函数的矩式显式表述及快速计算 [J]. 计算力学学报,2004,21 (6): 693-698.

[161] 孙阳光,徐长发,陈端. 自然边界元的无网格方法 [J]. 华中科技大学学报（自然科学版）,2004,32 (12): 105-116.

[162] 葛东云,陆明万. 波在各向异性介质中传播规律的无网格法数值模拟 [J]. 工程力学,2004,21 (5): 121-125.

[163] 李光耀,卡里鲁. 弹塑性大变形畸变问题的无网格分析 [J]. 湖南大学学报（自然科学版）,2003,30 (1): 47-49.

[164] 苑素玲,葛永庆,王璋奇. 无网格法在温度场中的应用 [J]. 华北电力大学学报,2003,30 (2): 82-86.

[165] 刘振华,刘建新,庞承宗. 静电场无网格方法中权函数的研究 [J]. 华北电力大学学报,2003,30 (1): 18-21.

[166] Zhu T Atluri S N. A modified collocation method and a penalty formulation for enforcing the essential boundary conditions in the element free Galerkin method [J]. Comput. Mech,1998,21: 211-222.

[167] Duarte C A, Oden J T. A HP adaptive method using clouds [J]. Comput Methods Appl Mech Engrg,1996,139: 737-762.

[168] Oden J T. Solution of singular problems using HP-clouds [J]. IN mathematics of FE and application. J R Whiteman. ed. John wiley,1997 (24): 35-54.

[169] 王勖成,邵敏. 有限单元法基本原理和数值方法 [M]. 2版. 北京:清华大学出版社,2000.

[170] 刘岩,杨海天. 基于时域精细算法的 EFG 方法及其在粘弹性问题中的应用 [J]. 固体力学学报,

2003，24（3）：364-372.

[171] 许波，刘征. MATLAB 工程数学应用［M］. 北京：清华大学出版社，2000.

[172] 美国 ANSYS 股份有限公司，北京理工软件技术开发有限公司，ANSYS/LS-DYNAY-jMRjjtf M.5.6&.2002.

[173] 葛锦宏，李广信，介玉新. 无单元法在有自由面渗流计算中的应用［J］. 计算力学学报，2003，20（2）：241-247.

[174] 张雄，刘岩. 无单元法［M］. 北京：清华大学出版社，2004.

[175] Sladek V, Sladek J, Atluri S N et al. Numerical integration of singularities in Meshless implementation of local boundary integral equations［J］. Comput. Mech, 2000（25）：394-403.

[176] Sladek J, Sladek V, Atluri S N. Local boundary integral equation（LBIE）method for solving problems of elasticity with nonhomogeneous material properties［J］. Comput. Mech, 2000（24）：456-462.

[177] Sladek J, Sladek V, Mang H A. Meshless local boundary integral equation method for simply supported and clamped plates resting on elastic foundation［J］. Comput. Methods Appl. Mech. Engng, 2002, 191（51）：5943-5959.

[178] Cho J Y, Atluri S N. Analysis of shear flexible beams, using the meshless local Petrov-Galerkin method, based on a locking-free formulation［J］. Engineering Computations, 2001, 18（12）：215-240.

[179] Mukherjee Y X, Mukherjee S. The boundary node method of potential problems［J］. lnt. J. N-urn. Meth. Engng, 1997（40）：797-815.

[180] Zhang J M, Yao Z H, Li H. A hybrid boundary node method［J］. Int. J. Num. Meth. Engng, 2002（53）：751-763.

[181] Chen W. High-order fundamental and general solutions of convection-diffusion equation and their applications with boundary particle method［J］. Engng. Anal. Bound. Mein., 2002（26）：571-575.

[182] Yoon S, Chen J S. Accelerated meshfree method for metal forming simulation［J］. Finite Elements in Analysis and Design, 2002（38）：937-948.

[183] Yagawa G, Shirazaki M. Parallel computing for incompressible flow using a Nodal-Based method［J］. Comput. Mech., 1999（23）：209-217.

[184] Chikazawa Y, Koshizuka S, Oka Y. A particle method for elastic and visco-elastic structures and fluid-structure interactions［J］. Comput. Mech., 2001（27）：97-106.

[185] Idelsohn S R, Storti M A, Onate E. Lagrangian formulations to solve free surface incompressible inviscid fluid flows［J］. Comput. Methods Appl. Mech. Engng, 2001（191）：583-593.

[186] Aluru N R, Li G. Finite Cloud method: a true meshless technique based on a fixed reproducing kernel approximation［J］. Int. J. Nam. Meth. Engng, 2001（50）：2373-2410.

[187] Yang H T. A new approach of time stepping for solving transfer problems［J］. Comm. Numer. Methods Engng, 1999（15）：325-334.

[188] Ho S L, Yang S Y, Machado J M et al. Application of a Meshless Method in Elec-tromagnetics. IEEE Trams. Magn, 2001, 37（5）：3198-3202.

[189] Tang Y M, Xie X P. Hierarchical Solution Procedure of Combined Finite Element-Wavelets Methods. In: Proc. Fifth Int. Conf. Electrical Machines Systems, 2001（12）：1094-1097.

[190] Attaway S. W. Heinstein M. W., Swegle J. W. Coupling of smooth particle hydrodynamics with the finite element method［J］. Nuclear Eng. Design, 1994（4）：150-154.

[191] Dufiot M, Nguyen-Dang H. A truly meshless Galerkin method based on a moving moving least squares quadrature［J］. Comm. Nvmer. Methods Engng,, 2002（18）：441-449.

[192] Nayroles B, et al. Generalized the finite element method: diffuse approximation and diffuse elements [J]. Comput Mech, 1992 (10): 307-318.

[193] 遂栋. 断裂力学 [M]. 北京：机械工业出版社，1997.

[194] 卓家寿，章青. 不连续介质力学问题的界面元法 [M]. 北京：科学出版社，2000.

[195] 龙志飞，岑松. 有限元法新论 原理·程序·进展 [M]. 北京：中国水利水电出版社，2001.

[196] 石根华. 数值流行方法与非连续变形分析（NMM andDDA）[M]. 裴觉民. 译. 北京：清华大学出版社 1997.

[197] 黎绍敏. 稳定理论 [M]. 哈尔滨：哈尔滨建筑工程学院，1983.

[198] 钟秉章. 水电站压力管道岔管、蜗壳 [M]. 杭州：浙江大学出版社，1994.

[199] 秦荣. 计算结构力学 [M]. 北京：科学出版社，2001.

[200] 蒋友谅. 非线性有限元法 [M]. 北京：工业学院出版社，1988.

[201] 谢贻权，何福宝. 弹性和塑性力学中的有限元法 [M]. 北京：机械工业出版社，1981.

[202] 刘东常，刘宪亮. 压力管道 [M]. 郑州：黄河水利出版社，1998.

[203] O. C. 监凯维奇. 有限元法（上、下册）[M]. 北京：科学技术出版社，1985.

[204] B. B. 诺沃日洛. 非线性弹性力学基础 [M]. 北京：科学技术出版社，1958.

[205] A. C. 沃尔弥尔. 柔韧板与柔韧壳 [M]. 北京：科学出版社，1965.

[206] 刘鸿文. 板壳理论 [M]. 杭州：浙江大学出版社，1987.

[207] 王德人. 非线性方程组解法与最优化方法 [M]. 北京：人民教育出版社，1979.

[208] 北京大学固体力学教研室. 旋转壳的应力分析 [M]. 北京：水利电力出版社，1979.